모든 공부의 출발점

초등 문해력 수업

모든 공부의 출발점

초등 문해력 수업

이윤영

midnight
자정 bookstore

진짜 '문해력'은 아주 탁월한 재능이 될 것이다

'2023 국민독서실태조사'에 따르면 성인 10명 중 6명이 1년에 단한 권의 책도 읽거나 듣지 않는다고 한다. (본 조사에는 오디오북도 포함되었다.) 이는 국민독서실태조사가 시작된 이래 가장 최저치의 독서율이다. 성인의 경우는 점점 떨어지고 있지만 아동 및 청소년의 독서율은 조금씩이지만 상승하고 있다. 독서讀書는 책을 읽는 행위다. 인간은 자신의 생각과 경험을 나누고, 이를 많은 사람들에게 전하기 위해 문자를 만들었다. 문자는 단어가 되고, 단어는 문장이 되고, 문장은 글이 되어 '책'이라는 형태로 널리 전달되었다. 인간에게 책은 지식과 정보 전달의 수단일 뿐만 아니라, 내가 직접 겪어보지 못한 다양한 시간과 공간의 간접 경험을 통해 감정과 생각의 한계를 뛰어넘게 해주는 유일한 사물이었다. 그런데 시대가 변했다. 책'만'이 주었던 유일한 정보와 지식, 그리고 경험, 감동과 위로를 대체할 새로운 매체들이 속속 등장했다. 게다가 글자로만 전달되었던 정보와 지식은 이제 화려한 영상과 놀라운 최첨단 기법이 동원된 방식으로 한시도 눈을 뗄 수 없게 만들고 있다. 인간은 단시간 내에 그것들에 현혹되었다. 그리고 자연스럽게 책을 멀리하게 되었다. 책이 주는 지루함과 따분함을 더 이상 견딜 수 없게 된 것이다 다양한 매체들은 수십 권씩 읽어야 얻을 수 있는 양의 정보를 단숨에 주입시켜 읽기의 수고로움을 덜어주었다. 문명의 이기가 인간을 편안함에 이르게 한 것이다.

부작용이 따랐다. 글을 읽지 않는 사람들이 '생각하는 법'을 잊어버린 것이다. 영상과 매체가 편집해서 보여주고 들려주는 정보를 그대로 받아들이게 되면서 사람들은 수고로이 생각할 필요가 없어졌다. 또한 '느림의 미학'을 상실했다. 천천히 글자 하나하나를 읽으며 그 안에 담긴 숨은 의미를 찾는 일은 시간이 걸린다. 이해가 되지 않는 문장 앞에서 골똘히 생각에 잠기며 사색하는 일도 잊게 되었다. 마지막으로, 점점 더 강한 자극에 단련되어 계속해서 빠르게 새로운 이야기만 찾게 되었다. 이런 과정에서 나와 다른 타인의 마음을 읽으려 하지 않고, 이해하려 들지 않게 되었다. 나와 다르면 가차 없이 '손절'하는 그런 세상이 되었다.

잘 읽고 잘 쓰고 잘 표현하는 '진짜 문해력', 인앤아웃 문해력

이렇듯 읽기가 소홀해지는 시대에는 단 한 권의 책이라도 잘 읽고 내 것으로 만드는 일이 무엇보다 중요하다. 바로 이러한 것을 목표로 하는 것이 이제부터 이 책에서 소개하고자 하는 '인앤아웃 문해력'의 핵심이다. 인앤아웃 문해력은 무작정 다독을 권하지 않는다. 스스로 좋은 책을 고르는 안목을 기르고, 고르고 고른 책을 읽어나가면서 그 안에서 자기만의 질문을 만들고 이에 대한 답을 찾는 여정에 의미를 둔다. 또한 책을 읽은 후에는 타인에게 감상을 표현하는 과정을 거치면서 한 권의 책을 오로지 자기 것으로 만드는 일을 지향한다. 초등 시기에 문해력을 강조하는 이들은 많다. 하지만 저마다 기준이 모호하고, 그저 열심히 책을 읽으라고 하거나 매일 글을 쓰면 글쓰기 실력이 늘어난다는 식의 이야기들이다. 하지만 교육에는 어느 정도 기준과 목표가 명확해야 한다. 교육은 한 사람을 길러내는 일이기 때문이다. 막연하고 모호한 기준은 오히려 부모와 교사들을 혼란스럽게 해서 제대로 된 교육을 어렵게 만든다. 인앤아웃 문해력은 명확한 기준과 체계를 바탕으로 한다. 철저히 국어 교과 성취 기준에 입각하여 아이들의 읽기, 쓰기, 듣기, 말하기 영역을 고루 발달시킬 수 있도록 각 학년군에 맞는 목표를 세우고, 이를 집에서나 학교에서 꾸준히 실천할 수 있는 다양한 방법을 정리해 이 책에 담았다. 누구나 쉽게 언제 어디서나 아이들과 함께 실천할 수 있도록 워크지와 체크리스트를 수록했다. 이 자료들은 전국의 교육청 및 초등학교 교실에서 직접 진행했던 프로그램을 토대로 한 것이어서 더욱 실효성이 있을 것이다.

가정에서 활용하기 쉬운 학년별 체크리스트와 워크지 수록

수많은 특강과 프로그램을 진행하다 보니 부모나 교사들이 아이들의 문해력 문제를 모두 자기 탓으로 여기고 있다는 사실을 알게 되었다.

　"엄마가 책을 읽지 않아서", "교사가 읽기 환경을 조성해 주지 않아서"라는 것이 그들이 생각하는 아이의 문해력 부족 원인이었다. 물론 엄마가 책을 많이 읽거나 교사가 독서 환경을 많이 조성해준다면 분명 아이들은 읽고 쓰는 일에 보다 쉽게 접근할 수 있고, 그로 인해 뛰어난 문해력을 갖출 가능성 또한 높아질 것이다. 하지만 반드시 그런 조건이 필요한 것은 아니다.

　이 책은 초등 6년 문해력의 중요성을 강조하고 있다. 집에서 부모가 쉽게 지도할 수 있도록 학년별로 읽기, 쓰기, 말하기, 듣기 영역에 대한 문해력 학습 노하우를 모두 담았다.

　또한 아이의 문해력 상태를 직접 체크해 나가며 실습해 볼 수 있도록 학년별 사례와 기준표를 만들어 수록했다. 더 이상 문해력에 대해 막연한 고민이나 두려움을 가질 필요 없이, 이 책에 담긴 내용과 실습 리스트를 하나씩 실천해 나가다 보면, 부모와 교사, 그리고 아이가 모두 편안한 문해력 공부 습관을 만들 수 있을 것이다.

　아무도 안 읽는 시대에 유독 초등 문해력이 강조되는 이유는, 이것이 한 사람의 인생을 좌우할 수 있는 능력이기 때문이다.

읽고 쓰고 말하고 듣는 일련의 문해력 활동은, 한 사람에게 있어 이 세상을 어떻게 살아가야 할지 스스로 답을 찾는 데 꼭 필요한 일이다. 그러므로 문해력은, 아이가 노력으로 얻을 수 있는 가장 탁월하고 빛나는 '재능'이자 '무기'라고 할 수 있다.

이윤영

작가, 문해력 연구가

차례

PART 1   초등 문해력이 평생 갑니다

1 초등 6년, 평생 문해력의 시작

: 골든타임 초등 6년, 교과 학습보다 문해력이 먼저다

초등 문해력이
평생 갑니다

1 초등 6년, 평생 문해력의 시작

골든타임 초등 6년,

교과 학습보다 문해력이 먼저다

왜 초등 6년에 주목하는가?

우리나라 사람들의 경우, 전 생애를 걸쳐 독서량이 가장 많은 시기는 초등학교 때다. 초등학교에 재학 중인 아동은 1년에 평균 73.2권의 책을 읽는다. 그러다 중학교에 가면 21권, 고등학교에 가면 12.6권으로 줄어들고, 20대부터 60대 이상까지는 줄곧 한 자리 숫자를 기록하며 독서량이 현격히 줄어들게 된다.

　물론 성인이 되어서 독서에 빠지는 사람들도 있다. 하지만 통계적으로 봤을 때 초등학교 재학 시절에 독서량이 가장 많다는 사실은 부정할 수 없다. 초등 6년에 문해력을 키워야 하는 결정적인 이유는 이뿐만이 아니다. 뇌과학 전문가들은 특히 영·유아와 어린이를 대상으로 하는 독서 교육의 중요성에 대해 강조한다. 어린 시절 책 읽기가 유독 중요한 이유는 이 시기에 인간의 뇌가 폭발적으로 성장하기 때문이다. 생체학자 스캐몬Scammon의 뇌의 성장곡선에 따르면, 갓난아이의 두뇌 중량은 성인의 25% 수준이지만, 1세가 되면 50%, 3세가 되면 70%, 6세가 되면 성인 중량의 90%에 도달하게 된다.

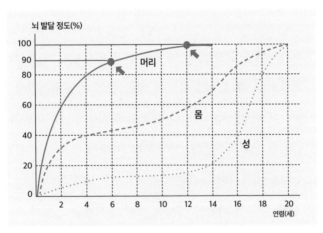

유아 두뇌 발달의 중요성을 보여주는 '스캐몬 곡선'

따라서 뇌과학 전문가들은 이때를 '결정적인 시기'라고 부르고, 반드시 아이들이 책을 접할 수 있도록 해야 한다고 말한다. 미국 어린이 병원의 존 휴튼 박사팀은, 부모가 3~5세 자녀에게 동화책을 읽어줬을 때 아이들의 청각과 시각 정보 처리를 담당하는 좌뇌 속 일정 부위(두정, 측득, 후두엽)가 활성화된다는 사실을 발견했다. 직접 보지 않고 부모가 읽어주는 책을 '듣는 것'만으로 시각 관련 뇌 부위가 활성화됐다는 뜻이다. 이는 마음속으로 이미지를 상상하는 뇌 부위에 활성화가 일어났다는 것을 뜻한다. 글을 듣는 행위만으로도 뇌가 활성화된다는 것이 과학적으로 증명된 셈이다. 이와 같은 이유로 미국 소아과학회에서는 "갓난아이에게도 책을 읽혀야 한다"고 주장한다. 미국 소아과학자 페리 클라스Perri Klass는 "책을 많이 읽어줄수록 아이가 더 많은 이미지를 상상하게 되어 뇌를 창의적으로 발달시킨다"라고 말한다. 실제로 영국에서는 아이를 출산한 뒤 산모의 가정에 방문하는 간호사를 통해 책을 선물해주는 이른바 '북스타트BookStart' 운동이 활발히 진행 중이다. 또한 프랑스에서도 0~3세 영·유아와 가족들을 대상으로 책 읽기 요령을 알려주는 프로그램 '첫 페이지Premieres Pages' 등을 통해 독서 교육이 성행하고 있다. 미국 역시

'ROR^{Reach Out and Read}' 운동을 벌이고 있다. 이는 미국 보스턴 의대 소아과 의사들이 시작한 캠페인으로, 소아과를 찾는 만 6개월부터 5세의 아이들에게 단계별로 알맞은 책을 골라주고 부모에게 책 읽어주는 법을 설명하는 운동이다.

물론 영·유아기뿐만 아니라 전 연령대에서 읽기는 강조되어야 한다. 하지만 뇌의 외형적 발달이 거의 완성돼 성인과 같은 수준이 되는 만 12세까지가 반드시 독서 습관을 익혀야 하는 '골든타임'이라고 뇌과학자 및 소아과 전문의들은 설명하고 있다. 만 12세면 초등 5-6학년에 해당하는 연령대다. 그러니 초등 시기의 독서, 문해력 교육은 강조되어야 한다.

초등 시기에 책과 글에 대한 좋은 추억과 경험, 기억이 있는 아이라면 청소년과 성인 시기에 독서, 글쓰기와 조금은 멀어졌다고 하더라도 다시 독서의 품으로 돌아오는 길을 금방 찾게 된다.

실제로 성인들을 대상으로 하는 독서와 글쓰기, 인문학 관련 강의를 많이 해본 결과, 성인들에게 다시 책을 읽게 되거나 글을 쓰게 된 계기를 물었을 때, '어린 시절에 책을 많이 읽었다', '독서가 취미였다'라고 말하는 경우가 많았다.

만 12세 이전의 아동의 뇌는 '세상에 대한 온갖 호기심'으로 가득 차 있다. 특정 인물을 싫어하거나 한쪽으로 편향된 생각을 하는 아이는 거의 없다. 세상에 대한 편견, 혐오, 고정관념이 없는 것이 아이들의 특징이다. 그런 호기심 가득하고 순수한 '아이의 시기'에 책을 가까이해야 한다. 하지만 세상은 변했다. 더 이상 책을 읽는 것만으로 세상을 알 수 있는 시대는 지났다. 그럼에도 불구하고 책을 읽어야 하는 것은, 독서는 '읽는다'는 행위의 시작점이자 끝점이기 때문이다. 종이책을 제대로 읽고 이해하지 못하면, 다양한 형태의 다른 텍스트도 잘 읽을 수 없다. 종이책을 읽을 줄 알고, 읽어야만 한다. 또한 읽는 만큼 제대로 말하고 쓰며 표현할 줄도 알아야 한다. 이를 목표로 하는 것이 바로 이 책에서 소개하는 '인앤아웃In&Out 문해력'이다.

자기표현이 없는 아이들

"아이가 제 말에 대답을 하지 않아요!"

한 학교에서 열린 학부모 문해력 강의 중에 나온 얘기다. 초등학교 2학년 여아 정미를 키우고 있는 이 엄마는, 정미가 초등학교 2학년이 되고 어느 날부터인가 자신의 말에 대답을 하지 않게 됐다고 말했다. 처음에는 요즘 여학생들은 사춘기가 일찍 온다고 하더니 그런가 보다 하고 대수롭지 않게 여겼으나, 내내 신경이 쓰여 담임 선생님과 학원 선생님, 정미 친구의 엄마 등 주변 사람들을 통해 정미에게 무슨 일이 있었는지 알아보기 시작했다. 며칠 후 정미 엄마는 충격적인 이야기를 듣게 되었다.

"정미가 제 얘기에 반응을 잘 안하고, 표현력이 부족해서인지 친구들과도 잘 어울리지 못해요. 학년 초에는 낯설어서 그런가 보다 했는데 점점 더 심해지네요."

"정미 엄마, 우리 수인이가 그러는데 정미가 학교에서도 말이 거의 없나 봐. 애들도 조금 불편해한다고 하더라고요. 왜 초등 2학년이면 한창 시끄럽게 떠들 나이잖아."

"학원 수업 중에 문제를 풀 때도 모르면 모른다고 말을 해야 하는데, 물어봐도 대답을 잘 안하거나 너무 작게 말해서 일부러 제가 정미 가까이에 가야 해요."

주변에서 들려오는 이야기에 정미 엄마는 눈앞이 캄캄해졌다. 정미는 원래부터 말수가 많은 아이는 아니었다. 여자아이 특유의 재기발랄함이 있다거나 쉴 새 없이 조잘거리는 스타일도 아니었다. 주변에서는 아이가 차분하고 얌전해서 부럽다고 하지만 이것은 속 모르는 사람들의 이야기다. 내내 그 부분이 정미 엄마는 신경 쓰였지만, 주변에서 학교에 가면 나아진다고 하는 말에 시간의 힘을 믿어보기로 했었다. 그런데 이런 문제가 터지고야 만 것이다.

"정미야! 어떤 거 먹을까? 뭐든 골라 봐."

올해 명절, 정미 가족은 할머니 댁에 가는 길에 휴게소에 들러 점심을 먹기로 했다. 음식을 주문하기 위해 키오스크 앞에 선 정미는 엄마, 아빠의 질문에도 한참을 아무 말도 안하고 눈만 끔뻑거리고 있었다. 뒤에 줄을 서 있는 사람이 헛기침을 하자 마음이 급해진 정미 엄마가 아이가 좋아하는 중식 메뉴를 보며 '그럼 짜장면 먹을래?'라고 말하자 그제야 정미는 고개만 끄덕일 뿐이었다. 이뿐만이 아니다. 아침 등교 준비를 하며 입을 옷을 골라야 할 때도 정미는 기다리다 못한 엄마가 2~3가지 옷을 추려서 꺼내놓을 때까지 옷장 앞에서 한참을 서성일 뿐이다. 눈치 빠른 엄마가 몇 가지 옷을 골라 물어보면 그제야 자신의 의사를 표현한다.

최근 이러한 고민을 털어놓는 학부모들이 급증하고 있다. 아이가 '말을 너무 안하거나 자기표현이 부족하다'는 것이다. 일시적인 아이의 감정 상태, 신체 피로 때문으로 치부하기에는 이러한 상태가 너무 장기간 이어지다 보니 부모의 걱정이 커지는 것이다. 이럴 때 엄마들은 주로 교우 관계를 의심하곤 한다. 하지만 진짜 문제는 그것이 아니다.

아이들의 자기표현력이 가장 폭발하는 시기는 4~7세 무렵이다. 0세부터 3세까지 충분히 모국어를 흡수한 아동들은 적절한 시기에 자신의 언어로 세상과 소통하고 그러한 소통의 묘미를 깨닫게 된다. '내가 이렇게 말했더니 상대방이 내 생각과 감정을 알아차리는구나', '아 이런 감정은 이렇게 표현하는 거구나' 하고 인식하게 되는 것이다.

문해력 안에는 자기표현력이 포함되어 있다. 문해력은 읽고 자신의 생각과 감정을 표현하는 힘이다. 단순히 책을 많이 읽고 글을 잘 쓰는 일이 아니다. 문해력이 잘 발달하기 위해서는 0~3세까지 다양한 사람들의 언어를 듣고, 4~7세까지 받아들인 내용들을 바탕으로 자신의 감정과 생각을 펼쳐야 한다.

정미 엄마와의 상담을 통해 새로 알게 된 사실이 있다. 정미가 어렸을 때 엄마가 둘째를 바로 임신하면서 아직 어린 아기인 정미에게 많은 정성을 쏟지 못했다는 것이다. 엄마, 아빠, 주변 사람들과의 언어 상호작용이 0~3세 아이에게 미치는 영향은 굉장히 크고 오래 간다. 그러나 대부분은 이러한 사실을 미처 깨닫지 못하고 있다.

초등, 교과 학습보다 문해력이 먼저인 이유

"현재 초·중학교 학생들은 미래에 기계와 경쟁해야 하는 첫 세대가 될 가능성이 큽니다. 이들을 인공지능이 도달할 수 없는 창의적, 감성적 분야의 인재로 키우는 것이 교육계의 필수 과제입니다."

뇌과학자 김대식 교수가 한 강연에서 한 말이다. 현재 초·중학교 아이들이 성인이 되는 시기인 약 10~30년 후의 미래에는 인간끼리의 경쟁이 아닌 기계 즉, 인공지능과 경쟁해야 한다는 것이 그의 설명이다. 불과 몇 년 전까지만 해도 이런 이야기가 먼 미래의 이야기처럼 들려 크게 와닿지 않았다. 뉴스와 신문에서는 '인공지능'을 이야기하고 있지만 현실은 여전히 우리 아이가 반에서 몇 등을 하고, 어떤 대학을 들어가느냐가 더 중요했다. 하지만 1, 2년 사이 우리의 일상은 완전히 바뀌었다. 세계적인 바둑기사와 대결을 하던 인공지능은, 어느 순간 단골 음식점에서 나에게 주문한 음식을 가져다주며 우리 일상으로 들어왔다. 바로 지금, 모든 것을 다시 한 번 생각해 봐야 한다.

'딥 러닝deep leaning'이라는 말이 있다. 컴퓨터가 스스로 외부 데이터를 조합, 분석하고 학습하는 기술을 말한다. 딥 러닝은 2006년 캐나다 토론토 대학 제프리 힌톤Geoffrey Hinton 교수의 논문을 통해 처음 알려졌다. 예를 들어 앞서 언급한 세기의 바둑 대결의 경우를 살펴보자. 인공지능은 어떻게 이세돌 9단과 바둑을 둘 수 있게 되었을까? 인공지능은 딥 러닝을 통해 수많은 외부 데이터를 분석하고 스스로 결정해 한 수 한 수 바둑을 두었다. 이때

인공지능이 수많은 데이터를 학습했던 방식이 딥 러닝이다. 인간이 어떻게 정보를 처리하는지 그 방식을 모방하여 만든 것이다. 구글과 페이스북 등 여러 기업들도 앞다투어 딥 러닝을 활용하고 있다. 그렇다면 인간은 이러한 인공지능에 어떻게 대응해야 할까? 김대식 교수는 "인간은 인공지능이 가상 대국을 하듯 고전古典 등 책 읽기를 통해 스스로 질문하고 답하면서 사고를 넓혀나가야 한다"고 말한다. 또한 컴퓨터 관련 전문가들은 인간이 인공지능에 비해 탁월한 것은 오감을 통해 방대한 자극을 받아들이고 이를 창의적으로 사고하기 때문이라고 말하며, 이러한 인간의 탁월성을 살리기 위해서는 '독서를 통한 뇌 발달이 필수'라고 말했다.

초등 시기에 교과 학습에 집중하는 것은 당연히 중요하다. 하지만 아이들이 결국 가장 왕성하게 활동하게 될 시기는 그들이 성인이 되어 각자 자신이 하고 싶은 분야에서 다양한 일들을 펼치는 미래일 것이다. 그런데 이때 아이들이 스스로 생각하며 창의적으로 자신의 일에 두각을 드러내기 위해서는 초등 시기에 끊임없이 생각하는 힘을 길러주는 방법밖에는 답이 없다. 그렇기에 초등 시기에 독서와 문해력 향상을 위한 지도는 미룰 수 없는 필수 과목이다.

아이들의 문해력을 방해하는 것들

아이들에게 물어보면 너나 할 것 없이 책 읽을 시간이 없다고 말한다. 한번은 특강차 방문한 초등학교에서 아이들과 얘기를 나누다 정말 그렇게 시간이 없는지 직접 확인하게 할 요량으로 아이들에게 하루 스케줄 표를 적어보라고 한 적이 있다. 몇 초도 안되어서 뚝딱 자신의 스케줄을 적어내는 아이들의 손놀림을 보며 요즘 아이들의 '바쁘다'는 말이 빈말이 아님을 절감할 수 있었다. 그렇다면 아이들의 항변과도 같은, '시간이 없어서 책을 읽지 못한다'는 말은 사실일까? 절반은 맞고, 절반은 틀리다.

한번은 동네 학원 셔틀버스 정차구역에서 초등학생 세 명이 머리를 맞대고 무언가를 열심히 읽고 있는 모습을 보게 됐다. 휴대폰 게임도 아니고 책을 그렇게 보고 있는 모습이 신기하고 놀라워 어떤 책인가 슬쩍 봤더니, 어린이용 과학지식을 담은 코믹동화였다. 시리즈로 나오는 책이었는데 마침 신간이 나온 모양이었다. 세 명의 아이들은 깔깔거리며 책의 내용을 하나라도 놓칠세라 집중하는 모습이었다.

결국 물리적인 시간적 한계를 뛰어넘는 것은 '재미'와 '가치'다. 인간은 이 두 가지에 의미를 부여하고 실행한다. 스스로 '재미'와 '가치'를 부여한 행위에는 무한한 시간을 들여도 지치지 않는다. 손흥민 선수가 그토록 열심히 축구 연습을 할 수 있었던 것은 비록 괴롭고 힘들지만 스스로 축구에 재미를 느끼고 그것이 자신에게 주는 가치 또한 잘 알고 있었기 때문이다.

기존의 문해력 교육이 항상 제자리걸음을 했던 이유는 이러한 재미와 가치를 간과했기 때문이다. 본질을 제대로 파악하지 못하니 지속적으로 이어지지 못하는 것이다. 수많은 독서법, 글쓰기 방법, 문해력 교육이 성행하지만 그때뿐인 이유가 바로 여기에 있다. 아이들이 책만이 줄 수 있는 '재미'와 책에서만 느낄 수 있는 '가치'를 발견하지 못한 채 학습을 위한 읽기와 쓰기만 강요받기 때문이다.

문해력 향상을 위해서는 우선 아이들에게 책만이 줄 수 있는 재미와 가치를 발견하는 '눈'을 뜨게 해주어야 한다. 그 '눈'은 자신이 흥미 있는 이야기를 만났을 때 빛을 발하고 그것을 읽어 내것이 되었을 때 가치를 발휘하게 된다. 예를 들면, 축구를 좋아하는 아이가 있다고 가정해 보자. 아이는 축구를 통해 인생의 묘미를 느끼고 삶의 활력을 얻는다. 이 아이가 일상에서도 축구에 관한 다양한 텍스트를 접하면서 운동장에서 친구들과 실제로 축구를 하며 느꼈던 감정과 흥미를 얻을 수 있게 되면, 아이는 '책'이나 '텍스트'에서 재미를 느끼게 되고, 이러한 경험은 독서가 자신에게 굉장히 '가치' 있는 일이라고 느끼게 해줄 것이다. 또한 이같은 아이의 흥미를 지속시키기 위해서는 아이가 직접 자신이 재미를 느끼는 분야의 도서를 선정해서 읽고 이를 가족과 주변 사람들과 나누며 '생각씨앗'을 꺼낼 수 있도록 돕는 것이 매우 중요하다. 아이가 이러한 경험을 반복적으로 하게 되면, 책 읽기와 글쓰기, 말하기, 듣기 능력인 '문해력'이 얼마나 중요한지 스스로 인식하게 된다.

앞서 말했듯 아이들의 문해력 교육이 발전하지 못하는 이유는, 이 또한 다른 교과 학습과 마찬가지로 반드시 해야 할 '공부'로 여기고, '읽어야 할 책', '써야 할 글'로 모든 것을 규정하기 때문이다. 결국 아이들의 독서를 방해하는 가장 큰 요인은 아이들이 '읽기'를 통해서 흥미와 가치를 발견하지 못하는 환경 때문이다.

교과서에 문학 텍스트(문학제재)가 너무 없다!

우리가 접하는 텍스트는 크게 세 가지로 분류된다. 정보 텍스트, 문학 텍스트, 복합양식 텍스트다. 정보 텍스트는 지식과 정보를 전달하고 이를 습득하기 위해 전해지는 텍스트다. 복합양식 텍스트는 말 그대로 양식이 복합적으로 결합된 텍스트로, 그림일기를 시작으로 다양한 영상과 기법이 가미된 형식의 텍스트를 말한다. 그리고 시, 소설, 희곡 등의 다양한 문학 텍스트가 있다. 이들은 각각의 목적과 기능이 있기 때문에 다양하게 접할 필요성이 있다. 하지만 교과서에는 정보 텍스트나 복합양식 텍스트 대비 문학 텍스트의 양이 너무 적다. 몇 년 전까지만 해도 교과서에 문학 텍스트가 주를 이루었다. 지면의 한계상 한 작품을 온전히 다 소개할 수는 없지만 교과서의 짧은 지문으로나마 문학 작품을 접한 경험은 누구에게나 있을 것이다. 《어린 왕자》, 《데미안》, 《나의 라임 오렌지나무》 등 주옥같은 문학 텍스트들이 교과서를 통해 전해졌다. 이러한 짧은 문장들을 통해서나마 아이들은 작품에 호기심을 갖게 되기도 하고, 이후 관심이 가는 작품은 직접 책을 찾아서 보기도 한다. 하지만 언제부터인가 교과서에서 문학 작품이 점점 사라지고 그 자리는 다양한 형식의 짧은 지문이나 내용들이 차지하게 되었다. 물론 문학이 모든 문해력 문제의 대안이라는 것은 아니다. 하지만 문학의 역할은 이야기를 통해 다른 삶을 들여다보며 타인의 입장이 되어 그들의 방식으로 사고하고 사유하는 힘을 키워주는 데 있다. 요즘 교과서에는 이러한 내용들이 빠져 있다.

아동문학평론가 원종찬은 "아동문학을 중요하게 여겨야 하는 이유는 그것이 어린이에게 가치 있는 경험을 제공할 수 있다고 믿기 때문이다"라고 밝힌 바 있다. 결국 독자는 자신의 경험과 지식에 기초해서 눈에 보이지 않는 텍스트의 의미를 완성해가는 것인데, 아직 삶의 경험이 부족한 아동들은 이것을 문학 텍스트를 통해서 길러야 한다. 하지만 교과서만을 탓할 수는 없다. 너무 오래된 지문이나 텍스트는 아동들의 흥미를 끌어내지 못하기 때문에 교과서를 개정할 때 지문을 교체해야 하는 것은 당연한 수순이다. 그러니 학교나 가정에서 아이들이 다양한 문학 텍스트를 접할 수 있도록 꾸준히 도와주는 수밖에 없다. 아동들의 문해력 발달 단계에 맞는 문학 텍스트 자료를 소개한다. 아동들에게 어떤 문학제재를 골라주어야 할지 고민될 때 참고하면 좋다.

⟨2015 개정 국어과 교육 과정의 문학적 텍스트 교수 학습 자료⟩

학년군	국어 자료의 예
초등학교 1-2학년	- 사건의 순서가 드러나는 간단한 이야기 - 인물의 모습과 처지, 마음이 잘 드러나는 이야기, 글 - 창의적 발상이나 재미있는 표현이 담긴 동시나 노래 - 상상력이 돋보이는 (옛)이야기, 그림책, 만화, 애니메이션 - 자신의 감정을 표현하는 간단한 대화, 짧을 글, 동시 - 재미있거나 인상 깊었던 일을 쓴 일기, 생활문, 노래, 이야기
초등학교 3-4학년	- 운율, 감각적 요소가 돋보이는 동시나 노래 - 감성이 돋보이거나 재미있는 만화, 애니메이션 - 사건의 전개 과정이나 인과관계가 잘 드러나는 이야기, 글 - 영웅이나 본받을 만한 인물의 이야기를 쓴 전기문, (옛)이야기나 극 - 현실이 사실적으로 반영되거나 환상적으로 구성된 이야기 - 친구나 가족과 고마움이나 그리움 등의 감정을 나누는 대화, 편지
초등학교 5-6학년	- 일상생활이나 학교생활에서의 의미 있는 체험이 잘 드러난 감상문, 수필 - 다양한 가치와 문화를 경험할 수 있는 작품 - 또래 집단의 형성과 구성원 사이의 관계를 다룬 이야기나 극 - 다양한 형식과 비유 등의 표현이 드러나는 동시나 노래, 글

독서를 평생 습관으로 만드는 필살기

"독서가 평생 습관이 되게 하려면 도대체 어떻게 해야 하나요?"

이 질문에 대한 대답은 여러분도 이미 알고 있을 것이다. 그것은 바로 꾸준히 자주 책을 읽는 것이다. 문제는 실천하지 않는다는 데 있다. 앞서 이야기했듯 문해력은 그 사람의 평생 경쟁력이라고 해도 과언이 아니다.

얼마 전 고등학생 A와 학부모를 상담했다. 어렸을 때부터 독서와 글쓰기, 토론을 중요하게 여겼던 A의 부모는, 아이가 고등학교에 입학하기 전인 초등학교부터 중학교 때까지 남들이 다 보낸다는 수학학원 한 번 보내지 않고 내내 독서토론에만 집중하게 했다. 중학교 3학년 때까지 총 900회의 독서토론을 했다고 한다. 내심 뿌듯했고, 이것이 아이의 고등학교 공부에 도움이 되길 바랐다. 하지만 고등학생이 된 아이가 첫 모의고사 결과를 가져오자 그동안 수학학원을 보내지 않은 자신이 행여 잘못 생각한 것은 아닐까 의심스러워지기 시작했다. 주변에서 아이에게 수학 선행학습을 시키지 않은 것을 탓하기도 했다. 답답한 마음에 나를 찾아온 A의 엄마와 A에게 내가 해줄 수 있는 말은 일단 기다려보자는 것이었다.

나의 말에 두 사람은 그동안 읽었던 책과 토론, 글쓰기 수업에 쏟은 노력이 수포로 돌아가는 것은 아닌지 표정이 어두워졌다. 그런데 몇 달 후 A의 학부모가 싱글벙글한 표정으로 다시 나를 찾아왔다.

"A가 국어와 영어 모의고사 모두 1등급을 받았어요."

물론 독서와 글쓰기를 오래 했다고 해서 모든 아이가 국어나 영어에서 두각을 나타내는 것은 아니다. 더불어 독서와 글쓰기 즉, 문해력이 좋다고 해서 공부를 잘하는 것도 아니다. 하지만 확신할 수 있는 것은 문해력이 좋은 아이는 읽고 쓰는 것이 다른 아이들에 비해 용이하기에 긴 지문을 읽고 이를 해석하는 능력 또한 상대적으로 뛰어날 수밖에 없다. 다소 시간이 걸릴 수는 있지만 읽고 쓰는 시간들은 절대 배신하지 않는다.

이 사례를 학부모 특강에서 이야기하면 대개의 학부모들은 '중·고등학교 때 읽기와 쓰기에 집중하면 되지 않을까요?'라고 반문한다. 하지만 아쉽게도 현재 국내 교육 환경에서는 중·고등학교 시기에 읽기와 쓰기에 집중하기란 현실적으로 불가능하다. 특히 특목고를 준비하고 있는 아이들의 경우 중학교 때부터 전과목 성적을 관리해야 하는 상황이기에 더더욱 어렵다.

독서와 글쓰기 능력은 철저히 습관에 의해 향상된다. 일시적으로 필요에 의해 읽기와 쓰기에 집중하는 것은 효과 또한 그때뿐이다. 수능 논술고사를 위해 글쓰기에 매진하다가 대학에 입학 후 글쓰기를 하지 않는 경우도 많고, 취업 준비를 하는 내내 자기소개서를 열심히 쓰다가 입사 후부터는 쓰기와 담을 쌓고 사는 경우가 허다하다.

한국어사전에 따르면 '습관習慣'은 오랫동안 되풀이하여 몸에 익은 채로 굳어진 개인적 행동이고, 학습에 의해 후천적으로 획득되어 되풀이함에 따라 고정화된 행동 방식을 말한다. 습관은 대상이 무엇이든 학습에 의해 얼마든지 후천적으로 몸에 익힐 수 있도록 해주는 무기다. 물론 여기에는 시간과 노력이라는 공이 들어가야 함은 분명하지만, 이처럼 탁월한 재능을 후천적인 노력과 성실함으로 얻을 수 있다는 사실은, 평범한 우리에게는 희소식이 아닐 수 없다.

결국 우리가 아이들에게 제공해야 할 것은 독서를 습관으로 만들기 위한 후천적인 노력이다. 이를 위해서는 첫째, 독서 환경 조성이 관건이다. 인간은 환경에 의해 많은 것을 지배받는다. 특히 습관은 무엇보다 환경이 중요하다. 운동을 습관화하기 위해

잠들기 전 아예 운동복을 입고 자는 분들이 꽤 많다. 일어나자마자 운동하기 편안한 환경을 만들기 위해서다. 독서도 마찬가지다. 일단 환경을 조성해야 한다. 우선 아이들이 자주 머무는 공부방이나 거실에 일정한 양의 책을 두고, 아이가 수시로 쉽게 꺼내서 읽을 수 있도록 눈높이에 맞는 책장을 구비하면 좋다. TV나 컴퓨터, 태블릿 PC처럼 독서에 방해되는 요소들을 제거하는 것도 필요하다.

둘째, 독서 시간을 정한다. 이때 온 가족이 절대적으로 독서에 집중할 수 있는 시간을 찾는 것이 좋다. 독서 습관은 혼자 힘으로 이루어낼 수 없다. 온 가족이 시간을 정해 일주일에 한 번이라도 책을 읽는 '절대 독서시간'을 갖는 것이 좋다. 단, 30분이라도 좋다.

셋째, 책의 선택권은 아이에게 일부 양도하라. 책 읽기는 꽤 많은 에너지가 부여되는 행위다. 더욱이 요즘 세상에는 책 말고도 아주 쉽고 간단하게 푹 빠질 수 있는 재미있는 것들이 넘쳐난다. 자신이 읽는 책마저 부모나 선생님 혹은 주변의 권유에 의해 결정된다면 아이는 책에 흥미를 잃게 된다. 아이에게 책을 직접 고를 수 있는 선택권을 부여함으로써 책을 고르는 기준과 안목을 키우고 아이 스스로 책의 내용을 궁금해하도록 지도해주는 것이 무엇보다 중요하다. 책 선택에 관한 주도권이 자신에게 있을 때 아이들은 보다 더 집중해서 책을 읽는다는 것이 이미 많은 연구를 통해 사실로 밝혀졌다. 지금까지 말한 위의 세 가지 사항만 충실히 지켜도 독서를 아이의 평생 습관으로 만들 수 있다.

즐기는 독서에는 끝이 없다

문해력의 시작은 읽기다. 읽을 수 있어야 생각하고, 생각해야 쓸 수 있고, 쓸 수 있어야 자기만의 생각이 정리된다. 생각이 정리되어야 그것을 말이나 글로 유창하게 표현할 수 있다. 하지만 안타깝게도 많은 부모들은 '읽기'의 개념을 잘못 알고 있다.

읽기는 아이가 스스로 글자만 읽을 줄 알면 되는 것이 아니다. 엄밀히 그것은 글을 읽는 것이 아니라 글자를 읽는 것이다.

"아이가 한글을 정말 빨리 깨우쳤어요!"

"유치원에 다닐 때는 하루에 수 십 권씩 책을 읽었는데 정작 초등학교에 가니 책을 쳐다보지도 않네요."

"한글을 빨리 배우면 읽기를 다른 아이들보다 더 좋아하지 않나요?"

0세부터 7세까지의 미취학 아동들이 글자를 깨우치기 위해서는 우선 글에 친숙해져야 한다. 친숙하려면 많이 보고 들어야 한다. 그렇게 해서 글자에 대한 호기심이 생기고, 글자들이 조합하여 이루어낸 단어에 흥미가 생기면, 단어들이 엮여서 만들어진 문장도 재미있게 읽을 수 있게 된다.

아이가 미취학 아동기일 때는 많은 글을 들려주어야 한다. 유아기 때는 부모나 주변 사람들의 말소리를 많이 들어야 하고, 세상에 대한 호기심이 왕성해지는 3세 이후부터는 부모나 어른들이 읽어주는 책을 통해 세상의 언어를 알게 해주어야 한다. 부모의 입에서 흘러나오는 아름다운 말을 통해 아이는 세상과 첫 만남을 하게 되고, 책이라는 바다에서 흘러나오는 이야기를 통해 세상을 사랑하게 된다.

그러니 문해력 교육을 시작하기 전 가장 먼저 해야 할 일은 아이가 읽기의 즐거움과 글자의 아름다움을 느낄 수 있도록 해주는 것이다. 이를 위해 첫 번째로 해야 할 것은 아이를 글자와 책이 많은 아름다운 공간으로 자주 데려가는 것이다. 요즘 아이들의 미적 감각은 부모와 교사 세대와는 전혀 다르다. '보는 만큼 보인다'는 이야기도 있듯이, 어렸을 때부터 다양한 시각 콘텐츠에 자주 노출되는 아이들의 미적 감각은 웬만한 어른 못지않다. 동네 도서관도 좋지만 아이가 호기심을 느끼고 공간에 대한 감각을 키울 수 있도록 조금 먼 곳에 있는 도서관도 방문해 보자.

미취학 아동의 부모라면 문해력 교육을 하기 전에 먼저 도서관 카드부터 만들 것을 권한다. 아이와 함께 도서관에 가자. 세상은 넓고 흥미로운 책은 여전히 많다. 아이를 통해서 부모도 성장한다. 어른들도 책을 읽어야 하고 공부해야 한다. 아이에게만 강요하는 것은 더 이상 실효성이 없다. 아이가 도서관 서가를 누비며 부모와 시간을 보내고, 그곳에서 자신이 읽고 싶은 책을 고르고 한 주 동안 그 책을 읽으며 이야기를 나누는 모습을 상상해 보자. 대단한 워크지나 질문이 없어도 된다. 그저 함께 책을 읽고 책 속의 주인공이나 가장 기억에 남는 부분에 대해 이야기를 나누는 것으로 충분하다.

공간은 사람을 변하게 한다. 아이들 역시 마찬가지다. 읽을 공간에 가면 읽게 되어 있다. 아이가 책을 읽지 않는다고 속상해하는 대신 아이를 데리고 책을 읽을 수 있는 공간으로 가보자. 그게 먼저다.

* 도서관 활용법 *

① 일주일에 한 번 혹은 적어도 한 달에 한 번 주말 아침에는 도서관에 가는 일정을 짜보자.

② 적어도 도서관에서만큼은 책 선택권의 50%는 아이에게 주자.

③ 도서관에서 학습지는 시키지 말자.

④ 가족 여행 코스에 도서관 투어를 넣어보자.

⑤ 아이가 서가 곳곳을 골고루 돌아다닐 수 있도록 머무는 시간에 여유를 주자.

일상에서 읽기 습관 만들어주기

다음은 가정에서 아이들의 읽기 습관을 만들어주기 위한 방법이다. 아이가 도서관을 통해 읽는 것에 흥미가 생겼다면 이를 일상의 '습관'으로 발전시켜줘야 한다. 그리고 이를 위해서는 가정 내에서도 독서 환경 조성이 필요하다. 다음의 3가지 제안을 해본다.

① 거실의 서재화
② 어디든 읽을 만한 책 놓아두기
③ 부모도 함께 읽기

3가지 제안이 새로운 것은 아니다. 실천이 어려울 뿐이다. 또한 일상 속에서 문해력 스팟^{spot}을 만들어주는 것이 도움이 된다. 가장 쉬운 방법은 아이에게 독서 전용 의자와 책상을 주는 것이다. 비싸고 좋은 제품일 필요도 없다. 하루가 다르게 쑥쑥 크는 아이들에게는 처음부터 비싼 책걸상을 사주기보다 오히려 성장에 맞게 그때그때 편한 의자와 책상을 사주는 것이 좋다. 고가의 책걸상을 사주었을 때 아이가 몇 번 앉지도 않는다면 에너지 낭비다. 더불어 때에 맞게 책걸상을 새것으로 바꿔주는 것도 아이에게는 새로운 자극이 될 수 있다.

집 안의 문해력 공간은 아이가 자주 머무는 곳에 마련해준다. 단, 미취학 아동의 경우 가급적 부모의 시야에 있는 공간이 좋다. 그래서 많은 전문가들은 거실을 서재화하라고 권유한다. 부모

역시 이 공간에서 아이와 함께 읽고 쓰고 함께하며 동료애를 꽃 피울 수 있기 때문이다.

글쓰기를 습관으로 만드는 필살기

미취학 아동과 다양한 글자 놀이를 지속적으로 하면, 아이들은 글자를 '글'로 인식하기보다는 놀잇감(장난감)의 일종으로 여기게 된다. 미국의 교육학자 존 듀이John Dewey는, '교육이란 끊임없이 경험을 재구성하는 과정'이라고 말했다. 이는 교육에서 '경험'이 얼마나 중요한 것인지 말해주는 것이다. 그가 말한 경험학습이론 은, 진정한 학습은 학습자가 능동적인 참여를 통해 얻은 경험을 통해 이루어진다. 즉, 경험의 주체인 학습자와 경험의 객체인 학 습자의 환경을 구성하는 요소들이 상호작용하며 교육이 이루어 진다는 것이다. 아이가 책 읽는 것을 싫어한다면 이전에 '책'을 통 해 '좋은 경험'을 얻지 못했기 때문일 가능성이 크다.

　실제로 초등 독서 교육을 할 때 책 선정권이나 독후 활동 선 택 권한을 아이의 자율에 맡겼을 경우, 훨씬 더 효과적인 독서가 이루어졌다. 스스로 선택한 책이 재미있었을 때의 그 짜릿한 경험과 즐거움이 아이를 계속 독서에 머물게 하는 이유가 되는 것이다. 글쓰기 역시 마찬가지다. 아이가 쓰기를 싫어한다면 글쓰기를 통한 '좋지 않은' 경험이 많거나, 쓰기를 통해 '즐거운' 경험을 많이 해보지 못했을 가능성이 크다. 문학평론가 신형철은 자신의 글쓰기 비결에 대한 질문에 다음과 같이 답했다.

"어렸을 때부터 어렴풋이 기억나는 것은 주변 어른이나 부모님께 글을 잘 쓴다는 칭찬을 자주 들었던 일입니다. 어린 꼬마가 잘 쓰면 얼마나 잘 썼겠어요? 아마도 부모님께서 그냥 지나가는 말로 하셨던 것 같은데, 전 제가 글을 아주 잘 쓰는 사람인 줄 알고 또 칭찬을 받고 싶어서 계속 썼습니다. 그게 글을 잘 쓰게 된 계기가 된 듯합니다."

미취학 아동 시기에 다양한 말과 글을 통해 즐길 수 있는 경험을 꾸준히 갖게 해준다면 아이의 문해력은 걱정할 필요가 없을 것이다.

* 미취학 아동의 일상 속 말놀이&글놀이 *

① 끝말잇기: 자동차로 이동 중일 때처럼 잠시 짬이 날 때 수시로

끝말잇기를 해보자. 이 놀이는 정말 탁월한 문해력 놀이다.

예) 자동차 → 차량 → 양동이 → 이층 → 층계 → 계단

② **끝말놀이**: 해당 글자를 하나 정해두고 그 글자로 끝나는 단어를 순서대로 말하는 것이다.

예) "리리리자"로 끝나는 말은? 사다리, 개구리, 항아리 등

③ **간판 읽기**: 이동 중에 보이는 대형 간판의 글자를 읽게 한다. 이때 아이가 아는 글자 중 한 글자씩 읽게 하면서 점차 글자 수를 늘려가면 좋다.

④ **글자 오리기**: 잡지나 신문을 꺼내놓고 쉬운 글자를 찾아 가위로 오리게 해보자. 수많은 텍스트 속에서 해당 글자를 찾는 일만으로도 아이는 놀라운 집중력과 고도의 순발력을 보여줄 것이다.

⑤ **책 표지의 글자 읽기**: 간판 읽기처럼 처음부터 전체 제목을 다 읽

게 하지 말고, 아는 글자부터 한 글자씩 천천히 읽게 한다. 끝나고 난 후 책 제목 전체를 다 읽어주면서 제목을 통해 책 속 내용을 상상하게 한다. 이때 아이들 책으로만 하지 말고 어른 책의 제목도 읽게 하면서 책에 대한 흥미를 배가시켜 보자.

⑥ 글자 없는 그림책을 읽고 이야기 만들기: 글자 없는 그림책도 좋고, 그림카드나 잡지, 신문, 광고지 등의 그림도 좋고, 여러 그림들을 오려서 아이가 자기 마음대로 순서를 만들고 이야기를 만드는 놀이를 해보자. 이야기를 만드는 과정을 통해 글과 말에는 순서가 있다는 것을 자연스럽게 익힐 수 있다.

⑦ 이름 쓰기: 미취학 아동의 경우, 자신의 이름을 비롯한 주변 사람들(부모, 조부모, 동생, 언니, 친구, 친척 등)의 이름을 직접 쓰면서 글자를 익힌다. 직접 내가 알고 있는 사람들의 이름과 얼굴을 기억하면서 이름을 붙이는 방법도 자연스럽게 알게 된다.

⑧ 좋아하는 물건의 이름 써보기: 애착愛着은 싫었던 것도 좋아하게 하는 특별한 힘이 있다. 아이가 생활 속에서 좋아하는 물건의 이름

을 직접 써보게 하고 이를 그 사물에 직접 부착시키면서 글자를 익히는 것은 매우 효과적인 교육법 중에 하나다. 요즘에는 미리 다 만들어진 카드를 활용하는 경우가 많은데, 그것보다는 아이가 직접 쓰거나 부모나 교사가 직접 쓰는 과정을 보도록 해준 후 이를 하나하나 사물에 직접 붙여나가면서 글자를 인식하게 해주면 아이가 글을 좀 더 빨리 인지하게 된다.

⑦ 동시 읽고 그림 그리기: 동시는 아이들만이 유일하게 향유할 수 있는 시詩다. 물론 동시를 좋아하는 어른들도 있겠지만, 동시의 존재 이유는 아동 독자를 위함이다. 고학년만 되어도 동시 읽기를 싫어하거나 재미없어하는 아이들이 많다. 아이들이 저학년일 때 시가 주는 아름다움을 향유하고 이를 그림으로 표현하는 습관을 들일 수 있도록 해주자. 이러한 과정을 통해 아이는 언어가 가지고 있는 심미적 가치를 스스로 느끼게 되면서 말과 글을 더욱 좋아하고 사랑하게 될 것이다.

아이들이 좋아하는 글감은 가까이에 있다

지금까지 많은 아이들과 글쓰기 수업을 진행하며 알게 된 것 중 하나는 아이들이 유독 좋아하는 글감이 따로 있다는 사실이다. 설문조사를 통해 얻은 자료 중에서 총 16가지의 글감을 정리해 보았다.

* 초등 아이들이 좋아하는 글감 16 *

동물	우정	판타지	모험
유머	스포츠	과학	역사
여행	인물	게임	장난감
가족	선물	연예인	유튜브

예를 들어 동물에 대한 글감이라고 하면, 자신이 키우는 반려동물 이야기나 주변에서 본 다양한 동물들의 생김새, 습성, 생태에 관해 쓸 수 있을 것이다. 특히 요즘에는 동물 캐릭터나 푸바오 등 이슈가 되는 동물들의 이야기에 무척 관심이 많다. 그냥 '동물에 대해서 써봐'라고 하는 것보다는 아이가 관심 있어 하는 구체적인 상황을 제시해주고 그에 대해 쓸 수 있도록 도와준다. 이때 아

이와 글감에 대해 대화를 나누는 것이 좋다. 우정이라는 주제 역시 마찬가지다. '우정' 하면 막연히 '친구'에 관한 이야기를 쓰면 되겠지! 하고 생각하지만, 글감의 주제나 소재의 폭이 너무 넓으면 오히려 글을 쓰기가 힘들다. 예를 들어 아이와 다음과 같은 대화를 나누며 글을 시작할 수 있도록 도와줄 수 있다.

엄마 유치원에 친한 친구 소영이 기억나? 어제 소영이 엄마가 이번 여름방학 때 같이 놀러가자고 전화가 왔네! 어떻게 할까?

영미 당연히 가야지! 소영이 보고 싶어!

엄마 소영이를 처음 만났던 날 기억나?

영미 응!! 7살, 햇님반 때인가? 아니다! 6살 때 달님반이었는데 그때 소영이가 옆 반이었어! 그때 처음 본 것 같아.

엄마 오! 우리 영미 기억력 좋네. 그럼 오늘은 우리 보고 싶은 친구에 대해 써볼까?

소영이를 만난 첫날부터 이번 여름방학 때 놀러갈 계획까지 영미가 한번 멋지게 써봐! 그리고 여행가서 그 글을 소영이에게 직접 전해주자!

영미 좋아!

아주 일상적인 대화지만 아이는 부모나 교사와 이런 대화를 나눈 후 글을 쓰게 되면 무엇을 어떻게 써야 할지 명확하게 인지하게 된다. 글감은 이렇게 어디든 일상생활에서 나온다. 주제가 거창하고 어려울 필요는 없다. 매일 벌어지는 일상에 대해 쓰는 것이다.

언젠가 한 교육청에서 진행한 초등 문해력 강의에서 아이들이 좋아하는 글감을 공개했더니 참여자 분들이 다음과 같이 말했다.

"아이에게 동물에 대해서 써봐!"라고 했더니 못 쓰던데요?

이렇게 막연한 주제나 소재를 던져주면 아이들은 당연히 글 쓰는 것이 어려울 수밖에 없다. 아마 '동물'이라는 글감을 받은 아이는 이런 생각을 했을 것이다.

"아싸! 내가 좋아하는 동물에 관한 주제다. 근데 뭘 써야 하지? 좋아하는 동물을 쓸까? 아니야 지난번 동물원에서 봤던

코끼리에 대해 쓸까? 어제 TV에서 봤던 유기견 얘기도 쓰고 싶은데 어떻게 하지?"

아이는 자신의 머릿속에 저장된 다양한 '동물'에 관한 이야기를 떠올려보고 그중에서 가장 쓰고 싶은 글감을 또 한번 골라낼 것이다. 하지만 애석하게도 이 과정에는 시간이 많이 필요하다. 만약 시간적 여유가 있는 경우라면 엄마가 아이와 함께 브레인스토밍을 통해 여러 이야깃거리를 언급하고 이 중에서 한 가지 글감을 뽑는 작업을 도와줄 수 있을 것이다.

"아 우리 재석이가 동물에 대해 쓸거리가 많구나. 그중에서 가장 쓰고 싶은 글감을 먼저 써보는 게 어떨까? 우선 어제 TV에서 본 내용이 어때? 어제 본 거니까 내용도 다 기억하지?"

이렇게 자연스럽게 유도하면 된다. 글쓰기 지도는 아이의 글에 손을 대는 것이 아니라, 아이가 편안하게 글을 쓸 수 있도록 길을 터주고 무수한 곁가지를 쳐내는 방법을 알려주는 것이다. 하지만 이것은 어디까지나 시간적인 여유가 많은 경우에 해당하는 방법이다. 아이가 다른 일정이 있다면 글쓰기에 이토록 여유를 부릴 수는 없다. 그때는 큰 소재 대신 좁은 글감을 바로 제시해주자.

예를 들어 '우정'이 주제라면, 아이에게 올 한 해 같은 반이었던 친구 중에서 가장 기억에 남는 친구에 대해서 써보라고 하는 식이다. 구체적으로 무엇을 써야 할지 명확하게 알려주자. 저학년의 경우에는 이렇게 구체적으로 글감을 주는 것이 글쓰기에 대한 부담감을 줄여주어 더 좋은 방법일 수 있다. 또한 학교 교과서에서 이러한 글감들을 찾아 활용하게 되면 좀 더 다양한 이야 깃거리가 나오기 때문에 글이 더욱 풍성해질 뿐만 아니라 교과 연계 학습도 가능해진다.

* 초등 아이들이 좋아하는 글감별 세부 내용 *

- 동물에 대한 글감: 반려동물이나 동물 캐릭터 혹은 푸바오 등 이슈가 되고 있는 동물에 대한 이야기
- 우정에 대한 글감: 이사를 가서 지금은 자주 못 만나는 옛 친구이야기, 새 학년 새 짝꿍에 관한 이야기, 학교생활 중에 가장 기억에 남는 친구 이야기

- 판타지에 대한 글감: 마법, 요정, 용 등 판타지적인 요소가 등장하는 이야기로, 쓰기보다는 읽기 위주의 글감이다. 아이들에게 마법이나 판타지적인 요소가 가미된 동화나 시, 희곡, 웹툰 그리기 등을 추천한다.

- 모험에 대한 글감: 어려운 미션을 해결하거나 위험한 일에 도전한 이야기, 캠핑이나 여행 중에 겪었던 일 중에서 어려웠던 일을 떠올리면서 쓰게 하고, 그 과정에서 얻었던 성취감이나 뿌듯함을 글로 남길 수 있도록 한다.

- 유머에 대한 글감: 일상생활에서 있었던 재미있고 웃긴 에피소드를 적게 한다. 이때 반드시 산문 형태로 쓰지 않아도 된다. 대화체 형식으로 써도 괜찮다.

- 스포츠에 대한 글감: 다양한 스포츠와 관련된 이야기로 좋아하는 운동 종목이나 관련 선수, 이슈에 대한 자신의 생각을 남기게 한다. 예를 들면 손흥민 선수에 대한 생각을 쓰게 할 때 그의 플레이 중 직접 해보고 싶은 것, 닮고 싶은 점 등을 쓰게 한다.

- 과학에 대한 글감: 과학 이야기 역시 마찬가지다. 흥미로운 과학에 대한 지식이나 실험에 대해 설명하는 글을 쓰거나 과학자들의 강연 영상을 보고 그 내용에 대해 글을 쓴다.

- 역사에 대한 글감: 역사 속 특정 인물이나 사건에 대한 이야기를 글로 써본다.
- 여행에 대한 글감: 가족여행이나 학교 체험학습, 일상 여행 등 집 외에 다른 공간을 여행하며 느낀 감정과 생각에 대해 쓴다.
- 인물에 대한 글감: 일상에서 만난 사람들의 이야기를 글로 표현한다. 가족구성원도 좋고 먼 친척도 좋다. 좋은 친구나 이웃, 선생님에 대한 이야기를 써도 된다. 그 인물을 관찰한 내용이 잘 드러나면 좋다.
- 가족에 대한 글감: 인물에 대한 글감과 달리 가족구성원에 대한 자신의 생각과 감정을 드러내도록 한다. 가족으로서의 친밀감과 유대감뿐만 아니라 불만과 불편함, 서운함 등도 자연스럽게 표현할 수 있도록 이끌어준다. 예를 들어 엄마에게 서운했던 이야기, 아빠가 미웠던 어떤 날 등 가족구성원끼리만 알 수 있는 감정들을 세밀하게 표현하도록 이끌어준다.

계절별 글감표 ✏️

* 활용팁: 학년 구분 없이 아이와 함께 계절별로 글감을 선택해서 써보세요.
글감은 해당 계절 내에서 아이가 직접 고르게 하는 것이 좋습니다.

봄(3~5월)

	글감 설명	문해력
글감 1	새 학년이 되어 새 짝꿍을 만났지요? 새 짝꿍을 소개하는 글을 써보아요!	설명하는 글쓰기
글감 2	'봄' 하면 떠오르는 단어는 어떤 것이 있나요? '봄'에 연상되는 단어를 3가지 써보고 이 중 하나로 글을 써보아요!	연상 훈련
글감 3	봄에 떠났던 여행 중에 가장 기억에 남는 곳은 어디인가요? 가족들과 함께 이야기를 나눠보고 그 여행 이야기를 글로 남겨봅니다.	경험 기록하기
글감 4	봄에 친구들과 함께 갔던 소풍이나 체험학습 중 가장 기억에 남는 활동은 무엇이었나요? 그날 본 것, 들은 것, 친구들과 함께 체험했던 것들을 자세히 써봅니다. 그리고 그 활동으로 얻게 된 생각도 남겨주세요!	자기성찰
글감 5	최근 먹었던 음식 중에서 '봄'에 먹을 수 있는 음식은 어떤 것이 있을까요? 그 음식에 대해 간단히 조사를 해보고 그 내용을 적어주세요!	자료 조사와 경험 연결하기
글감 6	새 학년에 임하는 각오를 적어보고, 새 학년에 꼭 이루고 싶은 버킷리스트 10가지를 기록해 봅니다.	자기계발
글감 7	봄에 관련된 내용을 주제로 한 편의 동시를 지어봅니다. 시를 쓰고 난 후 시 옆에 간단한 그림도 그려봅니다.	시 창작

	글감 설명	문해력
글감 8	올봄 우리 집 뉴스 - 올봄 우리 집에서 있었던 일 중에서 이슈가 되었던 뉴스 베스트 5를 작성해 봅니다. 다양한 구성으로 인물 인터뷰, 사진으로 쓰는 기사, 키워드로 알아보는 봄 이야기 등 신선하고 톡톡 튀는 우리 집만의 봄 신문을 만들어보아요! (단, 기사를 쓸 때는 가족의 일원이 아닌 기자의 입장에서 객관적으로 쓰는 연습을 하면 좋습니다.)	비판적 사고

여름(6~8월)

	글감 설명	문해력
글감 1	최근 먹어본 아이스크림 중 맛있었던 2가지를 골라 비교하는 글을 써봅니다. 두 아이스크림의 공통점과 차이점은 무엇이고, 각각 어떤 매력이 있는지 써주세요. 더불어 두 개의 아이스크림 중 하나를 꼽는다면 어떤 것이 더 맛있는지 그 이유를 적어주세요!	비교와 대조
글감 2	최근에 읽은 그림책 하나를 꺼내옵니다. 그중 한 권을 골라 소리 내어 읽고 가장 인상적인 문장을 발췌해 그 문장을 시작으로 자신의 생각을 써봅니다.	첫 문장의 두려움 극복
글감 3	어릴 적 만난 친구 중 가장 기억에 남는 한 명을 떠올려봅니다. 그 친구와 있었던 가장 재미있었던 일을 떠올려봅니다. 구체적으로 어떤 날, 무슨 일을 어떻게 어디서 했는지, 그 일이 있고 난 후에 느낀 감정과 생각들을 자세히 글로 정리해 봅니다. (어릴 때 친했다가 지금은 자주 만나지 못하는 친구라면 더 좋습니다.)	기억과 추억
글감 4	이번 여름방학 계획을 세워봅니다. 내가 꼭 하고 싶은 일로 '여름방학 버킷 리스트 10'을 정해 보세요!	계획과 기획력
글감 5	나의 3년 후 모습을 상상해서 적어보고, 어떤 사람이 되고 싶은지도 담아보세요!	내면 관찰

	글감 설명	문해력
글감 6	여름에 있었던 일 중에서 기억에 남는 추억은 언제 어디서 누구와 무엇을 했을 때였나요? 그때의 기억이 여전히 남아 있는 이유는 무엇이라고 생각하나요? 당시의 이야기와 지금의 생각을 적어봅니다.	사고력
글감 7	여름과 관련된 내용을 주제로 한 편의 동시를 적어봅니다. 시를 쓰고 난 후 시 옆에 간단한 그림도 그려봅니다.	시 창작
글감 8	올여름 우리 집 뉴스 - 올여름 우리 집에서 있었던 일 중에서 이슈가 되었던 뉴스 베스트 5를 작성해 봅니다. 다양한 구성으로 인물 인터뷰, 사진으로 쓰는 기사, 키워드로 알아보는 여름 이야기 등 신선하고 톡톡 튀는 우리 집만의 여름 신문을 만들어보아요! (단, 기사를 쓸 때는 가족의 일원이 아닌 기자의 입장에서 객관적으로 쓰는 연습을 하면 좋습니다.)	비판적 사고

가을(9~11월)

	글감 설명	문해력
글감 1	가을의 하늘 사진을 한 장 찍고, 그 사진 속 풍경을 글로 묘사해 봅니다.	묘사력
글감 2	가을하면 생각나는 (가을에 가장 맛있게 먹었거나 추억이 깃든) 음식을 떠올려보고, 그 음식에 대한 자신만의 에피소드를 써봅니다. 더불어 그 음식이 기억에 남는 이유들도 써봅니다.	서사력
글감 3	가을에는 편지! 지금 하고 싶은 말이 있는 친구나 가족, 이웃 중 한 사람을 골라 편지를 써보세요.	장르별 글쓰기 훈련
글감 4	최근에 읽은 책 중 한 권을 골라 그 책에 대한 감상문(혹은 서평)을 써봅니다. 감상문이나 서평을 쓸 때는 이 책을 누군가에게 소개한다는 생각으로 써봅니다.	장르별 글쓰기 훈련

	글감 설명	문해력
글감 5	어릴 적 친구 중 한 명을 떠올려봅니다. 유치원 때 이사 간 친구 등 자주 볼 수 없거나 헤어진 친구를 떠올려보고, 그 친구와의 추억 중 기억나는 이야기를 중심으로 글을 써보아요!	기억력
글감 6	나는 발명왕!! 내가 쓰고 있거나 주변에서 흔히 보는 물건 중 사용에 불편함이 있었던 물건을 떠올려보고, 그것을 어떻게 하면 더 편리하고 실용적으로 사용할 수 있을지 아이디어를 내봅니다.	창의력
글감 7	가을과 관련된 내용을 주제로 한 편의 동시를 지어봅니다. 시를 쓰고 난 후 시 옆에 간단한 그림도 그려봅니다.	시 창작
글감 8	올가을 우리 집 뉴스 - 올가을 우리 집에서 있었던 일 중에서 이슈가 되었던 뉴스 베스트 5를 작성해 봅니다. 다양한 구성으로 인물 인터뷰, 사진으로 쓰는 기사, 키워드로 알아보는 가을 이야기 등 신선하고 톡톡 튀는 우리 집만의 가을 신문을 만들어보아요! (단, 기사를 쓸 때는 가족의 일원이 아닌 기자의 입장에서 객관적으로 쓰는 연습을 하면 좋습니다.)	비판적 사고

겨울(12~2월)

	글감 설명	문해력
글감 1	겨울에 했던 스포츠 활동 중에서 가장 기억에 남는 종목을 써보고 그 종목을 처음 배웠을 때의 느낌과 함께 지금의 감정과 생각도 기록해 봅니다.	감정과 생각 기록하기
글감 2	해외 관광객들을 대상으로 하는 '대한민국의 겨울'을 소재로 짧은 30초까지 광고를 만든다고 생각하고 10컷짜리 광고를 기획해 봅니다. 단, 마지막에 '대한민국의 겨울은 ㅇㅇ이다!'라는 문장을 넣도록 해주세요!	창의력

	글감 설명	문해력
글감 3	겨울 간식 중에서 가장 좋아하는 '최애간식'을 뽑아보고, 그 간식을 좋아하는 느낌을 통해 '좋아하는 마음'에 대해 비유적으로 설명하는 글쓰기를 해보세요.	비유
글감 4	가장 좋아하는 예능 프로그램 2개를 골라 두 프로그램의 장점과 단점을 비교, 대조하는 글을 써봅니다.	비교와 대조
글감 5	우리 마을이나 학교, 가정에서 개선해야 할 점이 있는지 살펴보고 이를 왜 개선해야 하고, 어떻게 해야 바꿀 수 있는지 그 방법을 3가지 정도 제시하여 주장하는 글을 써봅니다.	주장하는 글쓰기
글감 6	겨울에 가장 하고 싶은 활동 3가지를 적어보고, 그 활동을 왜 하고 싶고, 그것을 하려면 어떤 준비를 해야 하는지 적어봅니다.	문제 해결력
글감 7	겨울과 관련된 내용을 주제로 한 편의 동시를 지어봅니다. 시를 쓰고 난 후 시 옆에 간단한 그림도 그려봅니다.	시 창작
글감 8	올겨울 우리 집 뉴스 - 올 겨울 우리 집에서 있었던 일 중에서 이슈가 되었던 뉴스 베스트 5를 작성해 봅니다. 다양한 구성으로 인물 인터뷰, 사진으로 쓰는 기사, 키워드로 알아보는 겨울 이야기 등 신선하고 톡톡 튀는 우리 집만의 겨울 신문을 만들어보아요! (단, 기사를 쓸 때는 가족의 일원이 아닌 기자의 입장에서 객관적으로 쓰는 연습을 하면 좋습니다.)	비판적 사고

나는 어떤 문해력 후원자인가?

미국의 교육학자 데보라 브란트^{Deborah Brandt}는 1900~1980년 사이에 태어난 사람들을 대상으로 그들이 읽기와 쓰기를 어떻게 배웠고, 그 과정에서 주변의 다양한 요소들이 어떤 역할을 했는지를 연구했다. 그리고 읽기와 쓰기에 영향을 미치는 요소를 3가지 범주로 나누어 살폈다.

첫 번째는 인물(사람)이다. 이는 문해력 주체자와 근거리에 있는 부모와 교사, 주체자보다 나이가 많은 가족구성원(언니, 오빠, 친척포함)이 모두 포함된다. 두 번째는 다양한 기관이나 기관의 프로그램이다. 학교나 교육을 받을 수 있는 기관 등을 의미한다. 세 번째는 대중매체다. 20세기 후반에 보편화된 TV, 라디오, 신문, 잡지 등이 그것이다.

위의 범주에 드는 모든 환경은 문해력 주체자에게 자신을 둘러싼 문화를 이해하고 교류하며, 그곳에서 살아가는 데 필요한 정보들을 직·간접적으로 제공한다. 그는 한 사람의 인생에서 읽

---

* 브란트의 연구에서는 '문식성 후원자'라고 표현했지만, 최근 문식성보다는 문해력이라는 단어가 더 상용화됨에 따라 본 책에서는 문해력으로 표현했다.

기와 쓰기에 영향을 미치는 '주변의 다양한 요소들'을 '＊문해력 후원자literacy sponsor'로 정의하고, 문해력 학습자의 문해력 발달과 경험에 직·간접적으로 영향을 미치는 주체로 개념화했다.

문해력 후원자는 문해력 주체자인 아동(학습자)이 특정한 문해 경험에 접근하는 길을 열어주고, 그러한 경험을 후원하거나 가르치며 문해력 주체자the literate의 모델이 되기도 한다. 문해력 교육은 학교라는 공식적인 기관의 교육을 통해서만이 아니라 가정이나 기타 공동체에서도 이루어질 수 있다. 특히 아동은 학교에 입학하기 전에 다양한 경로를 통해 문해력과 관련된 수많은 경험을 하게 되는데, 이것이 아동의 문해력 성취에 크게 영향을 미친다. 이 중 부모는 가장 전형적이고 보편적인 문해력 후원자다. 예를 들어 미취학 아동 때부터 부모가 책을 많이 읽어주었거나 책이 많은 환경에 노출된 경우를 말한다. 문해력은 일상의 삶과 연관된 활동이기에 학교 교육이 본격적으로 시작되는 초등학교 입학 전부터 지대한 영향을 미친다.

문해력 후원자로서 부모의 역할은 '가정문식성'이라는 말로 정의될 수 있다. 가정문식성은 가정에서 이루어지는 문해력에 관련된 모든 것을 통칭한다. 부모, 자녀 등의 가족구성원들이 가정과 지역사회에서 문해력을 사용하는 모든 방식으로, 일상에서 자연스럽게 가족구성원들과 대화를 나누고, 자녀에게 책을 읽어주고, 부모의 생각을 대화나 글로써 나누는 등의 모든 활동이 포함된다. 가정문식성이 풍부할수록 자녀의 문해력 발달에 긍정적인 영향을 끼치고, 가족들이 독서와 학습을 중요하게 여기는 것을 아는 아이들은 책을 즐겨 읽는 독자가 될 가능성이 높다.

그렇다면 나는 과연 아이에게 어떤 문해력 후원자일까 생각해 보자. 아이는 부모의 등을 보고 자란다는 말이 있다. 부모의 일거수일투족이 아이에게는 세상의 전부이고 교육의 장場이다. 교사도 마찬가지다. 그리고 그들 역시 어릴 적 부모나 교사의 영향을 받고 자랐다. 실제로 많은 성인의 글쓰기 수업을 진행해 본 결과, 다시 글을 쓰게 된 계기에 대해 묻는 질문에 90% 이상의 사람들이 '학교 다닐 때 선생님과 부모님으로부터 글을 잘 쓴다는 칭찬을 받았다'라고 답했다. 한 사람의 인생에서 '부모'와 '교사', '주변 어른'의 한마디가 가진 영향력은 이처럼 엄청난 것이다.

그리하여 아이들은 학교에 입학하기 전에 이미 다양한 경로를 통해 문해력 후원자들을 접하고, 이를 통해 문해력과 관련된 수많은 경험을 하게 된다. 그리고 이때의 경험이 아이의 평생 문해력의 많은 것을 좌우하게 된다.

이제 문해력은 하나의 강력한 사회적 힘social force으로 작용한다. 넘쳐나는 정보 속에서 잘 읽고 잘 이해하여 자신의 삶에 이를 적용하고 실천하는 능력은 한 사람의 일생에서 매우 중요한 것이다. 과연 나는 아이의 문해력에 어떤 영향을 주는 후원자인지 생각해 보자. 문해력 후원자로서 부모의 역량 구성요소 중 가장 중요하다고 여기는 '독서 성숙도'에 대한 검사지를 수록한다. 부모(교사) 스스로 검사지에 체크를 하며 나는 과연 어떤 문해력 후원자인지 스스로 답해 보면서 '독서'와 '읽기', 그리고 아이(학생)에 대해 생각하는 시간을 가져보자.

문해력 후원자 독서 성숙도 검사지

	문항	상	중	하
1	나는 독서를 즐긴다.			
2	나는 독서에 많은 관심을 가지고 있다.			
3	독서는 내 삶에서 중요한 부분이다.			
4	나는 독서를 자주 한다.			
5	나는 나의 관심사에 대해 더 많이 알아보기 위해 독서하는 것을 즐긴다.			
6	나는 특별한 이유가 있어서 독서를 한다.			
7	내가 독서하는 이유 중 하나는 내가 관심을 갖고 있는 것을 좀 더 알기 위해서다.			
8	내가 독서하는 이유 중 하나는 인생에 대해 좀 더 잘 이해하기 위해서다.			
9	내가 독서하는 이유 중 하나는 새로운 지식을 얻기 위해서다.			
10	내가 독서하는 이유 중 하나는 다른 사람을 좀 더 잘 이해하기 위해서다.			
11	내가 독서하는 이유 중 하나는 내 자신을 좀 더 잘 이해하기 위해서다.			
12	나는 능숙하게 읽을 수 있다.			
13	나는 내가 읽은 글의 내용 대부분을 이해한다.			
14	나는 글에 제시된 문자 그대로의 의미를 잘 파악한다.			
15	나는 나의 독서 능력에 만족한다.			

	문항	상	중	하
16	나는 내가 읽은 글의 암시적 의미를 파악할 수 있는 능력이 있다.			
17	나는 문장 하나하나의 의미를 효과적으로 파악할 수 있다.			
18	나는 문장과 문장 사이에 숨겨지거나 함축되어 있는 의미를 효과적으로 파악할 수 있다.			

이 책에서는 단기간에 주입하는 문해력 교육이 아닌, 평생 한 사람의 읽고 쓰고 표현하는 일상의 전 과정을 관할하는 '평생 문해력' 교육에 초점을 둘 것이다. 특히 뇌 발달상 가장 문해력이 활발하게 이루어져야 하는 시기인 초등 6년에 집중하여, 이를 초기(1-2학년), 중기(3-4학년), 후기(5-6학년)의 시기별로 나누어 가정이나 학교에서 아이의 문해력을 어떻게 지도, 교육해야 하는지를 상세하게 담을 것이다. 어느 하나의 영역에 국한되지 않고 읽기, 쓰기, 말하기, 듣기 영역을 골고루 다룸으로써 아이의 진짜 '문해력'을 향상시키는 것에 목적을 두었다.

가정이나 학교에서 부모나 교사가 직접 실행해 볼 수 있도록, 가능한 선에서 학문적 용어 대신 일상의 용어로 쉽게 풀이해서 설명했다. 더불어 단계별 문해력 실천표와 추천 도서를 덧붙여 직접 활용하는 데 어려움이 없도록 했다. 각 단계별로 아이들과 다양한 문해력 활동을 한 후 점검해 볼 수 있도록 영역별 성취기준표를 담았고, 세부 항목별로 상중하로 평가할 수 있도록 표로 정리했다. '2022 초등 교육 과정'을 바탕으로 부모나 교사가 응용할 수 있도록 내용 요소를 질문형으로 바꾸고 체크를 상·중·하로 나눠서 부모나 교사가 아이의 현시점을 잘 인지하도록 수정했다. (참고로 체크리스트에서 문법과 매체 영역은 제외했다.)

각 영역별로 체크 후에 잘되고 있는 부분과 부족한 부분을 기록하면서 아이의 문해력이 골고루 발달하고 있는지 주기적으로 체크한다면, 분명 아이가 다방면으로 문해력을 향상시키는 데 도움이 될 것이다.

2 인앤아웃 문해력이란 무엇인가?

읽기로 시작해서

표현하기로 마무리하는 진짜 문해력

읽기와 쓰기만 강조한 가짜 문해력 교육

"인풋이 있어야 아웃풋이 있지요!"

이 책에서 강조하는 인앤아웃 문해력의 원리는 간단하다. 아이들의 문해력이 현저히 떨어지는 이유는 제대로 된 인풋In put이 없기 때문에 아웃풋Out put 또한 없다는 것이다. 아이들은 한결같이 "읽고 싶은 책이 없다"고 말한다.

부모나 교사들은 읽을 책이 온 집 안과 학교에 가득하다고 말한다. 실제로 아이들의 교실이나 학교 도서관, 가정을 살펴보면 책이 흔하다. 사방이 책으로 둘러싸인 집도 많고, 학교 도서관의 규모나 내용도 알찬 곳이 많다. 하지만 정작 책을 읽어야 할 아이들은 읽고 싶은 책이 없다고 노래한다. 아이들이 말하는 '읽고 싶은 책이 없다'는 것은 읽고 싶을 만큼 끌리는 책이 없다는 뜻이고, 더 깊숙하게 들어가 보면 읽는 행위가 재미없다는 뜻이다. 이를 반대로 해석하자면, 아이들에게 읽고 싶을 만큼 재미있는 책을 고르는 방법을 알려주면 되고, 읽는 행위가 주는 즐거움과 재미를 알려주면 된다는 뜻이기도 하다.

인앤아웃 문해력은 이런 아이들의 작은 고민과 갈등에서 시작되었다. 전국 초중고등학교와 대학, 성인들을 대상으로 독서와 글쓰기, 인문학 강의를 하다 보면 강의의 시작과 끝에는 늘 '좋은 책을 소개해달라'는 요청이 쇄도한다. '좋은 책'의 기준은 타인이 아닌 스스로에게 있다. 나에게 좋은 책이 남에게도 좋은 책이 되리란 보장이 없다. 아무리 많은 사람들이 감명 깊게 읽은 책이라고 할지라도 내가 그것을 소화해내지 못하면 그것은 나에게 좋은 책은 아니다.

이러한 이유로 독서에서 책 선정은 무척이나 까다롭다. 책 선정만 잘해도 문해력의 60% 이상은 성공을 거둔 것이다. 인앤아웃 문해력은 이렇듯 스스로 책을 고르는 법부터 시작해서 그것을 기록하고 메모하며 다시 자신만의 표현 방식으로 정리하는 일련의 과정으로 이루어진다. 자신에게 맞는 좋은 책을 선정하고 그 책을 어떻게 읽었는지 표현하는 것이다. 이때 표현하는 방식은 읽기와 쓰기, 듣기, 말하기의 모든 리터러시^{Literacy} 영역이 총체적으로 담기게 된다.

기존의 문해력 교육은 읽기와 쓰기에 편중되어 있다. 읽는 것은 문해력의 기본이기 때문이고, 그 '눈에 보이는' 결과물은 '쓰기'이기 때문이다. 하지만 듣기와 말하기가 병행되지 않는 한, 제대로 된 진짜 문해력은 익히기 어렵다. 이에 인앤아웃 문해력은 잘 읽고 잘 쓰고 잘 표현하는 읽기, 쓰기, 듣기, 말하기의 네 영역을 골고루 함양하는 균형 잡힌 문해력을 지향한다. 한 권의 책을 읽더라도 네 가지 영역을 자유롭게 넘나들며 '진짜 문해력'을 익힐 수 있도록 하는 것을 목표로 한다.

1단계 -도서 선정

자 이제 읽을 책을 골라볼까?

"아이는 만화책만 읽으려고 하고, 저는 학습에 도움이 되는 책만 골라주고, 이러다 읽던 만화책마저 안 읽게 될까 봐 걱정입니다. 아이에게 맞는 책, 어떻게 골라줘야 할까요?"

문해력 관련 학부모 교육 때 매번 등장하는 질문 중 하나가 바로 '도서 선정'에 관한 것이다. 아이에게만 전적으로 맡기자니 미덥지 못하고, 부모나 교사가 개입하자니 아이의 흥미나 재미보다는 소위 말하는 '필독서' 위주로 고르게 되어 아이의 흥미가 현격히 떨어지더라는 것이다. 이런 상황에서 이러지도 저러지도 못하고 시간만 보내는 부모와 교사들이 꽤 많다.

도서 선정은 독서 습관 형성 및 동기 유발에 있어 매우 중요한 요인이다. 일상적으로나 학문적으로나 재미있고 흥미로운 것에 마음이 가는 것은 당연한 현상이다. 어른인 우리도 사놓고 재미가 없어서 읽다 말고 책장에 꽂은 채 몇 년씩 들춰보지도 않는

골동품 같은 책들이 한가득 아닌가?

　　이론상으로는 아이의 독서에 있어 도서 선정의 권한은 철저히 책을 읽는 주체인 아이에게 있어야 한다. 아이 스스로 읽고 싶은 책을 선정하여 읽고 그 내용을 교사나 동료, 부모와 함께 논의하는 방식의 독서를 '자기 선택적 독서'라고 한다. 자기 선택적 독서는 아이들이 도서 선정에 자발적으로 참여하고 읽기 과정에서 자기 주도적인 독서 활동을 펼치는 데 도움을 준다. 또한 자기 선택적 독서는 아이들에게 지속적인 독서 습관을 만들어준다. 하지만 현실은 어떠한가? 자기 선택적 독서만 하다 보면, 아이는 흥미와 재미'만' 있는 책으로 빠지게 될 위험성이 다분하다. 자극적이고 선정적인 콘텐츠에도 쉽게 노출될 수 있는 시대이니만큼, 아이가 마냥 자유롭게 선택하도록 두기보다는, 독서 선정의 방법에 있어서도 어느 정도 요령이 필요한 때이다. 아이와 부모, 교사에게 모두 적합한 도서 선정 기준이 필요하다.

　　그렇다면 아이도 만족하고 부모나 교사도 흐뭇해할 만한 도서 선정 방법은 무엇일까? 우선 아이에게 적합한 도서를 선정하기 위해서 고려되어야 할 3가지 관점을 소개한다.

　　첫 번째 관점은 '독자'다. 책을 읽는 주체인 독자(아이)의 발달 단계가 고려되었는지 아이의 독서 수준에 적합한지, 아이의 흥미와 정서에 적합한지를 고려해야 한다.

두 번째는 '텍스트'다. 읽어야 할 책의 글이 아이와 이야기를 나눌 수 있는 주제를 담고 있는지, 시대가 달라도 아이들이 공감할 만한 배경, 정서를 담고 있는지, 편견 없고, 영원하고 보편적인 가치를 담고 있는지, 상상력을 발휘하며 아이들의 생각이 성장할 수 있도록 돕고 있는 책인지 살펴봐야 한다. 또한 작품 속에서 주인공의 성장을 엿볼 수 있는지, 작품 속 주인공이 아이들과 공감대를 형성할 수 있는 인물인지를 두루 살펴야 한다.

마지막 세 번째는 '교육 과정'이다. 이 모든 과정이 아이의 교과 핵심 성취 기준과 함께 나아가고 있는지 살피는 것이 무엇보다 중요하다.

앞선 도서 선정법이 독자, 텍스트, 교육 과정의 관점에서 적합한 기준이었다면, 다음에 제시하는 '북매치BOOKMATCH' 전략은 보다 구체적인 방향성을 제시하는 방법이다. 북매치 전략은 제시카 우츠와 린다 웨드윅Jessica Ann Wutz & Linda Wedwick, 2005에 의해 고안된 것으로, 북매치란 명칭은 도서를 선정하는 9가지 단계의 영문 단어 앞 글자를 따서 만든 것이다.

도서 선정을 위한 〈북매치BOOKMATCH 전략〉

순서	단계		책 선정을 위한 기준	상	중	하
①	B	책의 길이 (Book Length)	- 읽기에 적당한 길이인가?			
②	O	언어의 친숙성 (Ordinary Language)	- 아무 쪽이나 펴서 크게 읽었을 때 자연스럽게 읽히는가? - 읽을 때 의미가 통하는가?			
③	O	구조 (Organization)	- 책의 크기와 한 쪽에 담긴 단어의 개수가 읽기 편안한가? - 한 챕터의 길이는 적당한가?			
④	K	책에 대한 선행지식 (Knowledge Prior to Book)	- 제목을 읽고, 겉표지를 보거나 책 뒤의 요약문을 읽었을 때, 책의 주제, 필자, 삽화에 대해 충분히 알고 있는가?			
⑤	M	다룰 만한 텍스트 (Manageablle Text)	- 책의 목차를 보고 마음에 드는 챕터를 읽었을 때 단어들이 쉬운 편인가? 적당한가? 어려운가?			
⑥	A	장르에 대한 관심 (Appeal to Genre)	- 책의 장르는 무엇인가? - 전에 이 장르의 책을 읽어본 적이 있는가? - 이 장르를 좋아하거나 기대하는가?			
⑦	T	주제 적합성 (Topic Appropriate)	- 이 책의 주제가 편안한가? - 이 주제에 관하여 읽을 준비가 되었다고 느끼는가?			
⑧	C	연관성 (Connection)	- 나와 이 책의 내용을 연관 지을 수 있는가? - 책이 어떤 것이나 어떤 사람을 나에게 상기시키는가?			
⑨	H	높은 흥미 (High - Interest)	- 책의 주제에 흥미가 있는가? - 필자나 삽화가에 흥미가 있는가? - 이 책을 다른 사람에게 추천하고 싶은가?			

아이와 함께 도서를 선정할 때 위의 9가지 기준을 참고하되, 아이의 상황과 연령, 학년에 맞게 체크해 나가면 좋다. 유난히 책의 분량에 민감한 아이들의 경우, 북매치 전략 중 ①책의 길이에 해당하는 'B'의 기준을 활용해서 책을 선정하면 된다.

> **엄마** 영미야, 이 책을 고른 이유는 뭐야?
>
> **영미** 이 책은 분량이 적당하네. 난 아무리 좋은 내용이라도 분량이 너무 많으면 부담스러워.
>
> **엄마** 좋아, 그럼 이 책을 읽어봐. 읽고 나서 엄마에게 내용 꼭 이야기해주고, 알겠지?
>
> **영미** 오케이!

위의 대화는 실제 아이와 엄마의 대화를 그대로 담은 것이다. 전체 9개의 단계를 모두 따르기보다는, 아이의 상황과 연령, 취미와 기호에 맞게 한두 가지 정도의 단계를 응용해서 책을 선정할 것을 추천한다. '그냥 재미있어 보여서'라는 답변보다는 확실히 유용한 기준이 될 것이다. 더불어 상황과 연령에 따라 선정 기준을 한두 개씩 추가하면서 직접 책을 고르는 연습을 할 수 있도록 훈

런시키는 것이 좋다. 예를 들어 영미처럼 분량으로 책을 선정했다면 나머지 8개의 기준 중 다른 한 가지를 추가로 적용해서 책을 고르게 한다.

엄마 영미는 이 정도 분량의 책을 좋아하는구나! 좋아. 그럼 이번에는 이 책이 영미에게 흥미 있는 이야기인지 살펴볼까?

영미 그건 어떻게 알 수 있어?

엄마 책을 한번 훑어봐. 책 표지에는 작가의 말이나 제목 외에도 많은 글들이 있어. 이게 다 책에 관한 정보야. 그것들을 읽어보면 어떤 주제나 소재를 다룬 책인지 알 수 있지?

영미 아 이 책은 수영장 그림이 있는 걸 보니 수영에 관한 이야기인가 봐.

엄마 그렇구나! 영미도 요즘 수영을 하니까 아마 영미가 좋아할 만한 이야기가 많을 것 같은데 이 책을 제대로 한번 읽어볼까?

영미 엄마 이야기를 들으니 빨리 읽고 싶어졌어!

이 대화가 별 것 아닌 것 같지만 아이에게 책에 대한 흥미를 고취시키기 위해 필요한 요소에 대한 힌트가 많이 들어가 있다. 아이가 일상에서 겪는 일들과 책의 소재를 연결하게 되면, 비록 책의 내용이 맘에 들지 않더라도 기대감에 읽는 것을 쉽게 포기하지 않게 된다. 더불어 어렸을 때부터 책을 선정하는 데 공工을 들여야 한다는 것을 알게 되면 아이들은 스스로 책을 골라야 할 시기(초등학교 고학년부터 성인까지)가 되었을 때 이전의 이러한 방식들을 스스로 되뇌며 책을 선택할 수 있게 된다.

그리고 이런 책 선정의 경험은 실패하더라도 과정 자체에 의미가 있기 때문에 아무리 강조해도 지나침이 없다. 그만큼 책을 선정할 때는 읽는 주체(아이)의 생각이 투영되어야 하는 것이 중요하고, 이것은 '읽기 효능감'으로 이어지게 되어 독서를 습관화하는 데 큰 도움을 준다.

즐기는 독서에는 끝이 없다

독자는 연령에 따라 아동 독자, 어린이 독자, 청소년 독자, 성인 독자, 노인 독자로 나뉜다. 또한 읽기 수준에 따라 유능하고 능숙하게 읽는 상위 수준 독자, 읽기 부진을 겪고 있는 하위 수준 독자, 독서 치료나 읽기 교정이 필요한 독서 장애 독자로 구분할 수 있다. 더불어 읽기에 얼마나 능동적이냐에 따라 열혈 독자(애독자)와 독서 능력은 있으나 읽지 않는 책맹으로 나뉜다.

또한 책이나 독서에 대한 애착 수준에 따라 애서가와 탐서가, 책 수집가, 책(독서) 혐오자로 독자의 유형을 구분하기도 한다. 텍스트를 수용하는 태도에 따라서도 수용적, 긍정적 독자와 비판적, 저항적 독자로도 나뉜다.

텍스트의 범위에 따라서 아무거나 닥치는 대로 읽는 남독濫讀형인 잡식성 독자와 한두 가지 분야나 작가, 장르, 수준이나 목적에 따라 읽는 편독偏讀형 독자로 나눌 수도 있다.

완독 여부도 독자의 유형을 파악하는 중요한 기준이 된다. 끝까지 완독하는 완독형 독자, 전체를 읽기보다는 책의 특정 부분만 골라 읽는 발췌형 독자, 여러 책을 동시에 읽는 병렬형 독자도 있다. 이외에도 읽은 책을 주변에 추천하는 유형, 책을 선물하는 유형, 북클럽 형태의 함께 읽기를 선호하는 유형, 혼자 읽기를 선호하는 유형 등 책을 읽고 다루는 방식에 따라서도 독자의 유형이 달라진다.

이렇듯 독자의 유형을 꼼꼼히 살펴보는 것은 아이의 독서 성향을 파악하는 데 매우 중요하다. 성향은 취향으로 이어지고 취향은 그 사람이 선호하고 좋아하는 것을 말하기 때문이다.

과연 나의 아이(학생)는 어떤 유형의 독자인지 관심을 갖고 파악해서 아이에게 맞고, 즐길 수 있는 독서 방식을 취할 수 있도록 도와주는 것도 부모와 교사가 해야 할 일이다. 특히 초등학교 6년은 글을 깨우치는 한글 습득부터 시작해서 읽기를 통해 지식을 습득하는 독서에 이르기까지, 한 사람의 일생 중에서 가장 중요한 기초 학습 능력을 배양하는 시기다. 이것이 취학 전부터 초등학생 시기에 있어 독서 능력에 특히 주목해야 하는 이유다. 이 시기의 독서는 즐거워야 하지만, 읽기의 목적과 방향 또한 잊어버려선 안 된다. 그러므로 그 어느 시기보다 신경을 써주어야 하는 중요한 시기임을 거듭 강조하는 것이다.

지금까지 말했듯 도서 선정은 중요하다. 그러나 인앤아웃 문해력에서 특히 주목하는 것은 책을 읽는 과정과 마무리 단계다. 독서의 단계는 독서 전-독서 중-독서 후로 나뉜다. 1단계 책 선정 과정이 '독서 전' 단계에 해당된다. '독서 중' 단계는 독자가 책을 읽어나가는 과정이다. 마지막으로 다양한 독후 활동으로 정의되는 '독서 후' 단계가 있다.

독서와 독서법에 관한 많은 연구에서 독서 전 단계는 매우 중요하고 비중 있게 다뤄지고 있다. 하지만 정작 우리가 책을 읽는 모습을 떠올려보자. 실제 독서 상황에서는 독서 전 활동의 비중은 그렇게 크지 않다. 한마디로 책 선정 과정이 단순하다. 책 제목이나 주제가 마음에 들거나, 좋아하는 작가의 책이거나, 주변에서 누군가가 추천한 책이거나 하는 범위를 크게 벗어나지 않는다. 책 선정에 너무 많은 에너지를 쏟게 되면 오히려 독서의 진짜 단계인 독서 중과 독서 후 단계에 진입하기 어려운 것도 사실이다. 한마디로 책을 읽기도 전에 에너지를 너무 많이 소모하지 말라는 것이다.

인앤아웃 문해력에서 중요하게 생각하는 것은 즐거움과 재미를 통한 진정한 독서의 향유다. 책에 흥미와 재미를 느끼는 요인은 생각보다 다양하다. 책 내용에 대한 흥미와 호기심이 절대적인 우위를 점하지만, 의외로 제목이 마음에 들어서, 책의 크기가 적당해서, 책 표지가 좋아서인 경우가 더 흔하다. 특히 아이들의 경우에는 이런 사소한 것들로 책에 재미를 느끼는 일이 자주 일어난다. 하나라도 즐거운 요소가 있고 이를 즐길 수 있다면 책을 읽을 때 더 기분이 좋고, 도파민도 폭발적으로 생성된다. 뇌는 그런 단순한 재미를 기억하고 이를 지속적인 읽기 기억으로 저장한다. 그러니 독서 전에 책을 선정하는 것도 중요하지만, 읽는 과정과 읽은 후에 구체적으로 책의 재미 요소를 찾아내고 뽑아내는 과정이 더욱 중요하다.

좋아하는 책, 재미있는 책은 일단 읽어본다. 그러고 나서 독서 후 과정을 통해 자신이 흥미를 느끼는 요소들을 잘 체크하는 과정이 절대적으로 필요하다.

다음의 표는 아이가 좋아하는 책을 고르는 데 도움을 줄 질문표이다. 앞선 북매치 전략을 참고하여 도서를 선정했다면, 독서 중이나 후에는 다음과 같은 질문에 대한 답을 끊임없이 찾으면서 즐거운 독서, 향유하는 독서로 발전할 수 있도록 도와줘야 한다. 독서가 끝난 후 아래의 질문들을 체크하면서 '내가 좋아하는 책'

의 목록을 쌓아가는 것이다. 아이가 책에서 재미와 흥미를 찾을
수만 있다면 책을 제대로 향유하고 지속적인 독서의 세계로 빠져
드는 데 큰 도움이 될 것이다.

그냥 막연히 '좋아하는 책을 읽어라'라는 말은 더 이상 아
이들에게 제대로 들리지 않는다. 시간을 내어서 질문 하나하나에
체크해가면서 책에서 재미있는 요소들을 직접 체크하고, 그 요소
들을 독서에 적용하는 것이 진짜 인앤아웃 문해력의 핵심이다.

〈좋아하는 책을 고르기 위한 7가지 질문〉

	문항	상	중	하
1	책 제목은 마음에 드는가?			
2	책 표지는 마음에 드는가?			
3	본문의 글자 크기나 글의 전개 방식은 마음에 드는가?			
4	책에 나온 등장인물 중에서 마음에 드는 사람이 많은가?			
5	책에 재미있는 장면이 있는가? 있다면 얼마나 많은가?			
6	책에서 나온 문장이나 단어 중에서 마음에 드는 것이 있는가? 있다면 얼마나 있는가?			
7	이 책을 다른 사람에게 추천하거나 소개하고 싶은가?			

사실 좋은 책, 재미있는 책은 읽어봐야 안다. 읽지 않고 어떤 책이 내 취향인지, 나에게 좋은 영향과 자극을 주는 책인지 알 방법은 없다. 대개의 독서는 책을 선정하기 전에 너무 많은 에너지를 쏟는다. 하지만 무엇보다 중요한 것은 여러 책을 읽으며 자신이 좋아하는 책의 요소를 찾고 이를 자신만의 독서 취향으로 기억하고 그것을 지속적인 독서 습관으로 정착시키는 것이다. 특히 미취학 아동부터 초등 아이들에게는 더욱 중요한 과정이다. 그러니 아이들이 무엇보다 독서 중, 독서 후 과정에서 이런 질문들을 통해 자신이 읽은 책을 비평하고 평가하는 방법을 익힐 수 있도록 안내해주는 것이 중요하다.

IN 3단계 - 독서 메모

기록하지 않으면 기억되지 않고, 기억되지 않으면 읽은 것이 아니다

"책을 읽어도 남는 게 없어요!"

엄밀히 이 말은 틀린 말이다. 책을 읽고 남는 게 없는 것이 아니라 책을 읽고 남기지 않는 것이다. 책은 눈으로만 읽는 것이 아니다. 눈으로 읽고 머리로 상상하고 마음으로 새기며 손으로 정리하는 것이 진짜 '독서'다. 책을 읽다가 좋은 문장을 만나면 그것을 기록해야 하고, 그것도 어려우면 사진으로라도 담아두어야 한다. 기록해야 기억되고, 기억되어야 읽은 것이다. 하지만 아이들의 경우, 책에 관한 기록은 대부분 감상문을 쓰는 '독후감'이나 '서평'에 집중되어 있다. 독후감이나 서평을 쓰는 것은 성인에게도 쉽지 않은 일이다. 아이들이 독후감이나 서평을 쓰기 전 단계에 책에 관한 가벼운 독서 메모를 남기는 습관을 먼저 길러주는 것이 좋다. 아이들이 독서를 좋아하고 책을 읽고도 남는 게 많다는 것을 느낄 수 있는 독서 메모법을 단계별로 안내하고자 한다.

첫 번째는 '독서일지 쓰기'다. 뒤에서 소개하는 독서일지 양식을 아이들의 노트에 만들어주고 아이가 스스로 해당 사항을 적게 한다. 어렵지 않다. 날짜와 책 제목, 읽은 쪽수만을 기록하는 것이다. 만약 눈에 보이는 가시적인 효과를 얻고자 한다면 큰 도화지에 표를 만들어서 거실 벽에 걸어두고 가족 모두가 기록하게 하는 것도 효과적이다. 가족 모두가 거실을 오가며 서로의 독서 기록을 통해 누가 어떤 책을 어떻게 읽고 있는지 파악할 수 있는 것도 장점이다. 이를 주제로 가족과 대화를 하는 것도 좋다.

또한 이를 통해 아이들은 자신이 어떤 책을 읽고 있는지 쌓이는 기록을 보며 독서를 해야 하는 또 다른 이유를 찾을 수도 있을 것이다.

> **엄마** 영미, 요즘 《레미제라블》 읽고 있네. 어렵지 않아?
>
> **영미** 아니! 정말 재미있어. 배고픈 조카들을 주려고 빵을 훔친 장발장에게 19년이나 감옥살이를 시키다니 정말 너무하지 않아?
>
> **엄마** 맞아! 엄마도 《레미제라블》을 읽고 그 부분에서 많이 속상했어.
>
> **영미** 내가 끝까지 다 읽고 엄마에게 더 얘기해줄게.

이런 대화를 나눌 수 있는 것은 서로의 독서 상황을 가족 모두 공유하고 있기 때문이다. 설사 아이가 부모가 모르는 책을 읽고 있더라도 걱정 없다.

엄마 《똥떡》은 어떤 책이야?

영미 엄마! 이 책 진짜 재미있어. 엄마가 어렸을 때도 똥떡을 돌렸어?

엄마 (그림책을 살짝 보면서) 아~ 재래식 화장실인데 할아버지나 할머니 어렸을 때 쓰던 화장실의 모습이야. 나중에 할머니 집에 가면 할머니한테 꼭 물어봐!

영미 그래야겠어! 할머니도 똥떡을 만든 적이 있으신지 궁금해!

책을 화두로 가족들이 이야기를 나눌 수 있다면 이보다 더 이상적인 독서법은 없다. 아이와 함께 읽은 책의 주제와 소재로 이야기를 나누게 되면 아이뿐만 아니라 부모나 교사들도 성장하게 된다.

〈독서일지 양식〉

1. 읽은 날짜, 책 제목, 읽은 쪽수 기록하기

날짜	책 제목	읽은 쪽수
6/1	레미제라블	처음 ~ 30쪽

이후 1단계가 어느 정도 익숙해지면 2단계로 넘어간다. 2단계는 읽은 내용 중 기억에 남는 단어를 3개 정도 쓰는 것이다. 단어의 수는 아이의 학년에 따라 조금씩 늘려나가는 것이 좋다. 단, 너무 무리하게 시키지는 말자.

2. 읽은 내용 중 기억에 남는 단어 기록하기

날짜	책 제목	읽은 쪽수	읽은 내용 중에서 기억에 남는 단어 3개 쓰기

2단계가 익숙해지면 읽은 부분 중에서 인상적인 문장을 찾고 이를 따라 쓰는 3단계 독서일지를 시작한다. 인상적인 문장을 찾아 짧게는 2줄부터 최대 10줄까지 쓰도록 한다.

3. 읽은 내용 중 인상적인 문장 메모하기

날짜		책 제목		읽은 쪽수	
가장 인상적인 부분 따라 쓰기					

3단계까지 마치면 독서 기록에 점점 흥미가 생기고 아이가 완독을 하는 경우도 잦아진다. 이때는 놓치지 말고 반드시 칭찬의 말을 해주는 것을 잊지 말자.

책을 완독했다면 본격적으로 책의 내용을 처음부터 끝까지 정리하는 4단계로 들어간다.

4. 5, 10, 15줄로 내용 요약하기

독서일지 4단계는 내용 '요약하기'이다. 아동의 독서는 크게 두 가지로 나눌 수 있다. 하나는 지식과 정보 습득을 위한 독서이고 다른 하나는 즐거움을 위한 독서다.

말 그대로 지식과 정보 습득을 위해 읽는 지식 습득 독서가 본격적으로 시작되는 연령대는 초 3-4학년(중기 문해력 발달 단계)이다. 이 시기에 아동들의 어휘량은 폭발적으로 늘어난다. 보고 듣는 것 위주의 단계에서 표현하는 단계로 넘어가는 중요한 시기이기도 하다. 이 시기를 어떻게 보내느냐에 따라 아이의 '평생 문해력'이 좌우된다고 해도 과언이 아니다. 이때를 잘 넘긴 아동들은 독서와 글쓰기의 유익함을 맛보게 되어 평생 독자로 이어지게 되는 경우가 많다.

즐거움을 위한 독서는 치유와 성찰, 자기해소와 만족감을 느끼는 독서다. 책을 읽으며 휴식을 취하거나 취향대로 좋아하는 분야나 작가, 장르의 책을 읽으며 여가를 보내는 것을 말한다. 지식과 정보 습득을 위한 독서, 즐거움을 위한 독서 둘 다 중요하지만, 우선 미취학 아동부터 초등 저학년 시기에는 즐거움을 위한 독서 위주로 진행하고, 고학년으로 갈수록 차츰 지식과 정보 습득을 위한 독서를 늘려나가는 것이 좋다. 이 둘을 적당히 병행하면 이상적인 독서 습관이 형성된다. 하지만 본격적인 지식 습득 독서가 시작되는 3-4학년 때에는 아이들의 학습량이 폭발적으로 늘어난다. 이전까지 학습량이 많지 않았던 아동들도 3-4학년군에 들어서면 그 양이 놀라울 정도로 늘어나게 되고, 차츰 독서는 그

중요도에서 밀려나게 된다. 이때에는 많은 양의 책을 읽히기보다 한 권의 책을 읽더라도 앞서 배웠던 도서 선정 및 기록 방법을 잘 익혀두어 독서 습관이 잘 형성되도록 이끌어주는 것이 부모나 교사가 가장 염두에 두어야 할 부분이다. 이때 독서일지를 기록하는 방법 중에서 요약하기를 잘 활용하면 아이가 독서 습관을 유지하는 데 도움이 된다. 요약하기를 할 때는 다음의 두 가지만 잘 기억하자.

① 학습을 위한 독서는 새로 알게 된 내용을 기록할 것.

② 즐거움을 위해 읽은 책은 인상적인 부분이나 줄거리를 육하원칙(누가, 언제, 어디서, 무엇을, 어떻게, 왜)에 맞춰 요약할 것.

예시 즐거움을 위한 독서 요약하기

날짜	책 제목	요약하기(누가/언제/어디서/무엇을/어떻게/왜)
6/5	레미제라블	장발장이라는 남자는 배고픈 조카를 위해 빵을 훔쳤고 이것 때문에 19년이나 감옥살이를 했다. 감옥에서 나온 뒤 마을사람들은 그가 범죄자였다는 이유로 방을 내어주지 않았고, 이때 어떤 사람의 도움으로 주교님의 집에 머물게 되었다. 마을사람들의 불친절에 분노한 장발장은 자신을 재워준 주교님의 성당에서 은그릇을 훔쳐 도망치게 된다. 하지만 주교님은 장발장을 용서한다. 이에 감명을 받은 장발장은 마들렌이라는 이름으로 새로운 사람이 되어 살아간다.

학습을 위한 독서 요약하기

날짜	책 제목	요약하기(새로 알게 된 내용 3가지)
6/5	레이첼 카슨, 침묵의 봄을 깨우다	① 레이첼 카슨은 《침묵의 봄》을 1962년에 썼다.
		② DDT살충제는 모기를 없애는 데 특효약이다.
		③ 어떤 나라는 DDT살충제로 말라리아 환자가 800명 줄어들었다.

요약 내용은 아이들의 연령대와 책의 분량에 맞게 길이를 조절한다. 초등 1-2학년 초기 문해력 발달 단계의 아동은 5줄 요약하기와 새로 알게 된 내용 3가지 쓰기가 적당하고, 초등 3-4학년 중기 문해력 발달 단계의 아동은 10줄 요약하기와 새로 알게 된 내용 5가지 쓰기가 적당하다. 초등 5-6학년 후기 문해력 발달 단계의 아동은 15줄 요약하기와 새로 알게 된 내용 10가지 쓰기가 적당하다.

OUT **4단계 - 읽은 책에 대해 글쓰기**

책을 끝까지 읽는 것을 완독이라고 한다. 앞선 단계에서 자기 선택적 독서를 통해 책에 관심이 생긴 아동들은 다양한 독서 기록법으로 읽기를 더 흥미롭게 이어가게 된다. 그리고 마침내 책을 끝까지 읽게 되는 경험을 하며 독서의 즐거움을 만끽하게 된다. 완독한 책은 반드시 짧은 기록이나 단상이 아닌, 책 전체의 내용을 파악하고 정리하는 과정을 거치는 것이 좋다. 한 권의 책이 말하고자 하는 주제나 소재에 대해 더 깊이 있게 이해하려는 노력은, 글쓴이가 진정 독자에게 전달하고자 하는 것이 무엇인지 생각하게 하는 계기가 될 것이다.

책을 읽고 정리하는 방식은 다양하다. 여러 사람들과 책의 이야기를 근거로 토론을 할 수도 있고, 독후감이나 서평의 형태로 남길 수도 있다. 어떤 것이든 좋다. 하지만 인앤아웃 문해력에서는 특별히 '책에 대한 글쓰기'를 권한다. 한 권의 책을 읽고 글을 쓰기 위해서는 그 책을 온전히 이해해야 하기 때문이다. 책을 읽고 정리하는 글쓰기에도 다양한 형식이 있다.

초등 1-2학년 초기 문해력 발달 단계의 아동들에게는 자신이 읽은 책을 추천하고 싶은 사람을 골라 그 사람에게 편지 형식으로 쓰는 방법을 추천한다. 편지를 쓸 대상을 찾으며 그 책을 읽었으면 하는 사람을 선별하게 되고, 이는 대상에 대한 고민 및 책의 내용을 파악하는 중요한 포인트가 된다. 초등 3-4학년 중기 문해력 발달 단계의 아동에게는 자신의 삶과 연결된 내용을 찾아 독후감 쓰기를 추천한다. 독후감은 책을 읽고 난 후의 감정과 생각을 정리한 글이다. 단순히 줄거리 나열식 정리가 아닌, 책의 내용 중 자신의 이야기와 연결된 부분을 찾아 이를 서술하는 방식의 독후 에세이를 쓰게 해보자. 아이들이 자신의 삶을 돌아볼 수 있는 소중한 계기가 될 것이다.

초등 5-6학년 후기 문해력 발달 단계의 아동들은 서평 쓰기를 통해 책 내용을 정리하는 방식을 추천한다. 앞선 발달 단계에서 주관적인 관점과 경험에 근거한 시선으로 책을 정리했다면, 서평 쓰기는 좀 더 객관적인 안목과 시선으로 책을 정리하는 방식을 익히기에 좋다.

지금까지 아동의 나이로 문해력 발달 단계를 나누어 기록법을 추천했지만, 나이보다는 아동의 실제 문해력 발달 단계에 맞추어 지도해주는 것이 좋다. 예를 들어 초등 3-4학년에게 추천했던 독후 에세이 쓰기는, 책에 따라 초등 5-6학년에 해도 무리가 없다.

1. 책을 추천해주고 싶은 사람에게 편지 쓰기(초등 1-2학년 추천)

책 제목		지은이	
출판사		읽은 날짜	
이 책을 추천해주고 싶은 사람은 누구인가요?			
그 사람에게 이 책을 추천하고 싶은 이유는 무엇인가요?			
추천하고 싶은 사람에게 추천의 이유를 잘 담아서 편지를 써보세요!			

2. 독후 에세이 쓰기(초등 3-4학년 추천)

책 제목		지은이	
출판사		읽은 날짜	
책 내용 중 나와 연결된 부분을 찾는다면?			
그 부분을 찾은 이유와 에피소드는 무엇인가요?			
내 삶과 연결된 부분을 활용한 독후 에세이를 써보세요!			

3. 서평 쓰기(초등 5-6학년 추천)

책 제목		지은이	
출판사		읽은 날짜	

이 책의 평점은?	_____ 점		

이 책의 평점을 ( )점 준 이유에 대해서 써봅시다	이 책에서 좋았던 부분 :
	1.
	2.
	3.
	이 책에서 아쉬운 부분 :
	1.
	2.

이 책에 대한 서평을 써봅시다	

인앤아웃 문해력의 마지막 단계는 표현 및 공유하기다. 이 단계에서는 그동안 읽고 쓴 내용을 타인과 공유하며 이를 통해 자기를 표현하는 방법을 익히고, 나아가 타인과 소통하는 방법을 배운다. 문해력을 단순히 읽고 쓰는 능력이나 행위로만 보아서는 안 되는 이유는, 읽고 쓰는 일은 일상과 직접적인 연관이 있는 부분이기 때문이다. 특히 요즘 아이들은 자기표현과 타인과의 의사소통에 있어 많은 어려움을 호소한다. 이는 제대로 된 자기표현에 대한 확신이 없고, 타인과의 의사소통에 관한 방법도 모르기 때문이다. 문해력이 한 사람의 평생에 있어 읽고 쓰는 행위에 대한 모든 것을 뜻한다면, 이 과정에서 잘 읽고 잘 표현하는 것은 매우 분명한 시대적 과제이자 개인의 숙제다. 타인과 다양한 방식으로 의사소통하는 법을 익힌 아이들은 자기 삶의 주도권을 행사하는 것에 자신감을 얻게 된다. 자신의 이야기가 누군가에게 가닿았을 때의 기쁨과 즐거움을 만끽한 아동들은 이를 통해 인생의 다양한 선택지에서 보다 좋은 선택을 하게 될 것이다. 다음은 아동들이 책을 읽고 자기를 표현하고 타인과 의사소통을 할 수 있는 방법이다.

첫 번째 표현 및 공유하기의 방식은 타인에게 책을 소개하는 것이다. 그중 하나로 앞서 말했던, 책을 읽고 추천하고 싶은 사람에게 편지를 써서 전달하는 방식이 있다. 가족이거나 친한 친구라면 직접 편지를 읽어주는 것도 좋다. 실제로 어린이 인앤아웃 문해력 수업에 참여한 많은 아동들과 이 활동을 했을 때 가장 반응이 좋았다. 아이들은 친구들이 자신을 위해서 책을 추천해주었다는 사실에 굉장한 뿌듯함을 느꼈다. 책을 추천받은 친구가 다른 책을 또 추천해주는 효과까지 있었다. 간단하지만 아이들에게 매우 유용한 방식이다.

두 번째는 SNS 및 가족, 학급구성원 전용 플랫폼에 공개하는 것이다. 서평이나 북 에세이를 개인 SNS나 가족, 학급전용 플랫폼에 업로드해서 댓글로 서로의 글을 응원하고 호응해준다. 이는 아이들로 하여금 자신만의 콘텐츠로 창작자(크리에이터)가 된 느낌을 갖게 해주기도 한다.

인앤아웃 문해력 활동지

이 책을 소개합니다!

책 제목		지은이	
출판사		읽은 날짜	
소개 내용			

PART 2

연령별/학년별 인앤아웃
문해력 학습법

3 초등 1-2학년, 초기 문해력 발달 단계

평생 습관 준비기,

인앤아웃 문해력 뿌리 만들기

바른 자세와 긍정적인 감정,
진짜 문해력을 위한 아주 작은 습관의 힘

"한글보다 자세가 먼저입니다."

초등학교 교사들을 대상으로 글쓰기 수업을 진행했다. 마침 강의
를 진행했던 시기가 가정의 달 5월이었기에 학부모들에게 전하
고 싶은 말을 글감으로 한 편의 글을 써보기로 했다. '내 학생의
부모님에게 전하고 싶은 말'이라는 글감을 받자 교사들은 많이

당황해했다. 주로 딱딱한 가정통신문만 쓰다가 편지를 쓰라고 하니 어색했던 것이다. 하지만 각자 잠시 생각할 시간을 갖더니 이내 대단한 결심을 한 듯 결연한 표정으로 하고 싶은 이야기를 한 자 한 자 꾹꾹 눌러쓰기 시작했다. 편지들은 진솔했고 아이들에 대한 사랑과 학부모님들에 대한 신뢰가 느껴졌다. 글을 낭독하는 시간을 가지며 웃다가 울다가 한바탕 신기한 경험을 했다. 그중 가장 기억에 남는 편지 하나는 이제 막 1학년이 된 반 아이들의 학부모님들께 쓴 어느 교사의 편지였다. 다음은 가장 기억에 남는 문장이다.

"어머님, 아버님 한글은 제가 가르칠 테니 걱정하지 마시고, 아이들에게 바른 자세만 가르쳐주세요. 그것만 부탁드립니다."

그녀의 말에 따르면 초등학교에 갓 입학한 1학년 아이들 중에는 수업시간에 책상에 거의 엎드려서 글씨를 쓰거나, 책을 읽으라고 하면 바닥에 그냥 누워서 읽는 경우도 있다고 한다. 뿐만 아니라 아주 간단한 발표나 대답 등의 말하기를 할 때도 소리가 너무 작아서 몇 번씩 다시 되물어야 하는 아이들도 있고, 정면을 제대로 응시하지 못하거나 몇 초도 되지 않는 발표 시간 동안에도 가만히 서 있지 못하는 아이들이 상당히 많다고 한다. 교사들은 입을 모아 말한다. 한글보다 '바른 자세'를 먼저 습관화해서 학교에 보내달라고.

초등학교 1학년 국어과 성취 기준을 보면, 듣기와 말하기 영역에 '바른 자세로 말하기', '바르고 고운 말로 표현하기', '말차례 지키기'가 있다. 이 중에서 특히 '말차례 지키기'는 아이들이 가장 힘들어하는 역량 중 하나다. 이제 막 공동체 생활을 시작한 아이들에게는 순서를 지키는 일은 쉽지 않을 것이다. 여기서 '순서를 지킨다'는 것은 단순히 자기 차례를 기다리는 일만 의미하는 것이 아니다. 다른 사람의 말을 듣고 나의 생각을 정리한 후에 적당한 때에 순서를 지켜 말할 줄 아는 일이다. 이른바 '경청하는 힘'을 키우는 것이다. 초등학교 1학년 교실에서는 서로 먼저 말을 하겠다고 다투는 아이들과 아예 입을 다문 아이들이 공존한다. 한쪽은 너무 말을 많이 해서, 한쪽은 너무 말을 안 해서 교사들은 애가 탄다. '말차례 지키기'는 이렇듯 아이들에게 듣기의 힘과 자기 순서에 말하는 규칙을 익히는 중요한 기준이다. 그리고 이는 타인과의 의사소통에서도 매우 중요하게 작용한다. 예를 들어 체육시간에 공놀이를 하기 위해 순서를 정할 때 공놀이를 빨리 하고 싶은 마음에 무턱대고 '내가 먼저 할래!'라고 말하기보다는, 친구들에게 자신이 먼저 해도 되는지 의견을 구하는 것과 같은 일이다. 의견을 구할 때는 아이의 성향에 따라 다음과 같이 말하는 방법을 알려주면 좋다.

> **리더형** "우리 순서를 정해 보는 건 어떨까? 먼저 하고 싶은 사람?"
>
> **공감형** "애들아, 내가 축구를 진짜 좋아하거든, 이번에는 내가 먼저 해봐도 될까?"

이렇게 같은 상황이라도 아이의 성향에 따른 '말차례'를 지키는 방법을 알려주면 듣고 말하는 '초기 문해력 역량'을 기르는 데 많은 도움이 된다. 여기에 바르고 고운 말로 표현해야 하는 것은 기본이다. 특히 초기 문해력 발달 단계에서는 '바른 자세로 말하기'를 중요하게 여긴다. 취학 전부터 초등학교 1-2학년 시기에 아동들은 가장 활발하게 자신의 생각과 감정을 '말'로 표현한다. 자기

표현이 강한 아이들은 교실이 떠나갈 듯이 목소리를 높이기도 하지만, 일부 아이들의 경우 단답형으로 답하며 자신의 생각과 감정을 표현하는 것이 서툴다. 집에서 대화를 하거나 소통해야 할 때는 상대방의 눈을 보고 이야기하는 습관을 갖게 하는 것이 좋다. 비언어는 언어의 한계를 뛰어넘게 한다. 또한 바른 자세로 읽기와 바른 자세로 쓰기, 타인의 말을 집중해서 듣는 힘 역시 초기 문해력 발달 시기에 익혀야 하는, 매우 중요한 '바른 자세' 중 하나다.

초기 문해력 발달 시기에 중요한 두 번째는 학습보다 긍정적인 '감정'이다. 최근 문해력 연구에서 강조되는 것은 방법론이나 기술에 관한 것이 아니다. 태도와 자세다. 이른바 '읽기 동기', '읽기 효능감'이 독서에서 매우 중요하다는 것이 많은 연구 결과 밝혀졌다. 아이에게 맞는 적확한 도서를 선정해서 좋은 읽기 공간과 시간을 주어도 아이가 스스로 읽고 싶은 마음이 들지 않으면 읽기 효능감은 현저히 떨어지고, 이는 결국 질 나쁜 문해력으로 빠지거나 아예 독서를 멀리하게 되는 현상을 초래한다. 반면 아이 스스로 자신이 선택한 도서를 즐거운 마음으로 끝까지 읽고 이를 여러 방식으로 타인에게 표출하는 독서는, 단 한 권을 읽더라도 오래 기억된다.

어쩌면 진짜 문해력은 이런 것이 아닐까? 한 사람의 인생에서 긍정적인 '감정'으로 새겨진 일은 시간이 많이 흐른 뒤에도 좋은 기억으로 남게 되어 그것을 또 하고 싶도록 만든다.

문해력은 '학습'이라는 이름으로 통칭하는 경우가 흔하다. 하지만 문해력은 학습이 아니다. 좋은 기억이고, 추억이고, 감정이다. 책에 대한 좋은 기억, 글쓰기에 대한 좋은 추억, 내가 타인에게 나의 생각과 감정, 의견을 공유했을 때 느끼는 뿌듯한 감정이다. 한 아이가 책을 읽고 그것에 대해 기록을 하고 자신이 읽은 책을 친구에게 소개했다고 가정해 보자. 어느 날, 자신이 소개한 책을 읽은 친구가 그 책을 읽은 후 굉장히 재미있었다고 말한다면, 그 아이는 굉장한 자부심과 보람을 느끼게 되고 책에 대한 좋은 감정을 품고 평생 독자로 살아갈 것이다. 그리고 이는 예시가 아니라 실제로 한 초등학교에서 인앤아웃 문해력을 체험한 아이의 경험담이다.

＊ 초등 1-2학년, 초기 문해력 발달 시기에 필요한 인앤아웃 문해력 ＊

1) 바른 자세로 말하기 (예: 또박또박 정확한 발음으로 말하기, 다른 사람의 눈을 보고 말하기)

2) 타인의 말 경청하고 말차례를 지켜서 이야기하기

3) 바른 자세로 읽기 (예: 바른 자세로 앉거나 서서 읽기, 누워서 읽지 않기)

4) 바른 자세로 쓰기 (예: 연필 바르게 쥐는 법, 허리를 세워서 글쓰기)

5) 읽기와 쓰기, 말하기, 듣기에 관한 긍정적인 '감정' 채워주기

듣기/말하기 예쁜 말을 익힐 수 있는 유일한 시기

'언어의 유창성Fluency'은 언어를 자유롭게, 술술 말하고 읽을 수 있는 능력을 말한다. 특히 책을 보고 읽을 때 글을 소리 내어서 정확한 발음으로 막힘없이 읽는 능력을 '언어의 유창성'이라고 한다.

글을 소리 내어서 정확한 발음으로 막힘없이 읽으려면 글자 인식은 물론 단어와 문장에 대한 이해, 문법에 대한 소양이 갖춰져 있어야 한다. 그런데 안타깝게도 요즘 아이들은 온라인 소통이 익숙하기에 문자에는 능숙한 반면, 말하기 능력은 현저히 떨어진다. 사실 책을 소리 내어서 읽는 일은 매우 유익하고 중요한 활동이다. 책을 소리 내어 읽는 행위는 한 번 읽을 때 세 번 읽는

효과를 준다. 눈으로 읽으며 한 번, 읽은 내용을 귀로 들으며 또한 번, 마지막으로 입으로 소리를 내며 다시 한 번 읽는 것과 같다. 뿐만 아니라 바르고 아름다운 말을 제대로 익힐 수 있게 된다. 우리는 보통 글을 읽을 때 '묵독默讀(소리내지 않고 읽는 것)'을 하게 된다. 묵독이 훨씬 읽는 속도가 빠르기 때문이다. 하지만 묵독만 지속할 경우 제대로 된 발음이나 발성, 말하는 법을 익히기가 쉽지 않다. 책은 정제된 언어의 조합체다. 아이들이 읽는 책에 틀린 말이나 비어, 욕설이 담긴 문장이 있는 경우는 거의 없다. 이렇듯 아름답고 예쁜 언어를 자주 소리 내어 읽어야 아이들이 하는 말도 그렇게 된다.

아이들은 초등학교 3학년만 되어도 낭독하기를 꺼린다. 유치하고 부끄럽다고 여기는 것이다. 그러니 초기 문해력 발달 단계인 초등 1-2학년 시기에 낭독하는 방법을 제대로 익혀서 소리 내어 읽는 즐거움을 느끼게 해주는 것이 좋다. 이 시기의 아동들에게 낭독은 크게 두 가지 방법으로 익히게 하면 좋다. '역할 바꿔서 읽기'와 '한 쪽씩 나눠 읽기'다.

인앤아웃 문해력 낭독법 ① 역할 바꿔 읽기

"엄마! 오늘은 내가 ○○이 역할 할래!"

"그래! 그럼 얼마나 실감나게 읽는지 볼까?"

아이가 어렸을 때 책을 읽으며 종종 역할을 바꿔서 읽는 놀이를 했다. 아이는 책 속에 나온 주인공에 자신의 감정을 이입하기도 하고, 주인공의 언어로 자신의 감정을 표현하기도 했다. 인간은 태어나면서 다양한 역할을 부여받는다. 다양한 역할은 곧 다양한 삶의 경험을 간접 체험하는 일이며 이는 곧 타인의 감정을 이해할 수 있는 중요한 기회가 된다.

단순한 놀이 같지만 이것을 통해 아이들이 경험할 수 있는 감정이나 문해력의 효과는 크다. 아이에게 감정을 표현하는 방법, 타인을 이해하는 방법, 배려와 공감 능력을 심어줄 수 있다. 특히 문학 작품에 나타난 다양한 등장인물을 접하는 아이는 풍부한 감정과 생각을 저절로 느끼게 될 것이다.

예를 들어 동화 《콩이네 옆집이 수상하다!》(문학동네, 2016)의 경우, 콩알만 했던 사건이 이 친구에서 저 친구의 입으로 전해지면서 눈덩이처럼 불어나는 과정을 통해 아이들이 구멍 속 '이웃'의 정체를 추측하기도 하고, 도대체 '수상한 옆집'의 이야기가 무엇인지 긴박감도 느끼게 된다. 이 책은 산만해 보여도 다른 사람의 말을 잘 믿어주는 콩이, 남 흉보기를 즐기지만 꽤 다정한 면이 있는 빽, 얄밉게 비비 꼬아 말하는 버릇이 있지만 사실은 친구를 사귀고 싶은 쎄니, 눈치가 좀 없긴 해도 상대방을 향한 호감을 거침없이 표현하는 떡두까지, 각자 자기들만의 솔직한 모습을 그대로 표현하는 캐릭터들이 등장한다. 아이와 다양한 등장인물을 골라 읽으며 그들의 감정 상태와 표현을 익히고, 만약 나라면 어떻게 행동하고 생각했을지 가늠해 볼 수 있다. 글의 내용을 이해하는 것은 언어로 발화하는 과정을 통해 더욱 더 명료해진다. 상황과 맥락을 통해 타인의 입장이 되어보는 훈련을 함으로써 아이의 의사소통 능력, 감정 이해, 표현 이해 등 다양한 능력을 키워줄 수 있다.

* 역할 바꿔 읽기 진행 순서 *

1) 작품(책) 선정하기

2) 등장인물 살피기

3) 다양한 등장인물 중에서 아이가 하고 싶은 인물 선정하기

4) 선정한 인물에 대해 파악하기

5) 역할을 바꿔서 실감나게 읽기

6) 확장하기: 역할 바꿔 읽기를 통해 얻게 된 그 인물에 대한 감정과 생각 나누기

역할 바꿔 읽기 활동지 ✏️

책 제목	
내가 맡은 역할의 이름, 성별, 나이	
맡은 역할에 대해 설명해주세요! (성격이나 외형 등 특이사항)	
역할 바꿔 읽기 낭독 후 맡은 역할의 감정에 대해 새로 알게 된 사실이나 인상적인 표현	
만약 나라면 어떻게 했을까?	
다른 역할들 중에서 해보고 싶은 역할과 그 이유는?	

인앤아웃 문해력 낭독법 ② 한 쪽씩 낭독하기

: 말의 순서를 익히고, 읽는 방법을 배워요

낭독의 사전적 의미는 글을 소리 내어 읽는 것이다. 문자를 해독하기 위해 음성으로 바꾸고 그것을 의미와 연결하는 것을 '음독'이라고 한다면, 낭독은 음독과는 달리 문자를 음성으로 바꾸는 과정에서 정서와 감정까지 포함시켜야 하는 높은 수준의 소리 내어 읽기의 한 방식이다.

낭독은 주로 문학 작품이나 연극, 드라마 등의 대사를 읽을 때 적용된다. 혼자 읽기, 여러 사람과 함께 나눠 읽기, 몇 사람씩 일부분을 분담해서 차례대로 읽기, 배역을 정해서 읽기 등 여러 방법이 있다. 아이들과 할 수 있는 낭독 활동 중 하나인 '한 쪽씩 나눠서 읽기'는 내용을 나눠 분담해서 읽는 것에 해당된다.

낭독은 문자로 되어 있는 텍스트를 이해한 후 텍스트 자체의 특성이나 내용, 주제 등을 고려하여 속도와 리듬감 등의 표현적 측면까지 가미해서 읽어야 하기 때문에 읽기 능력 향상 및 문해력 증진에 도움이 된다.

한 번에 한 쪽을 읽어도 낭독의 느낌과 교육적 가치를 충분히 아이들에게 심어줄 수 있다. 한 쪽씩 읽기를 잘 소화한 아동들은 혼자 묵독으로 읽을 때, 중요한 장면이나 인상적인 표현을 자연스럽게 소리 내어 읽음으로써 혼자 읽기에도 적용할 수도 있다. 낭독은 딱 그 정도가 좋다.

* 한 쪽씩 낭독하기 진행 순서 *

1. 낭독할 작품 선정하기
2. 자신이 읽고 싶은 페이지 결정하기
3. 아이에게 책을 읽어주다가 해당 페이지에서 아이에게 낭독 역할 부여하기
4. 한 쪽씩 낭독한 후 자신이 소리 내어 읽은 부분에 대해 간단하게 요약하기

낭독한 작품의 제목: _____

내가 읽었던 부분 중에서 가장 인상적인 부분에 대해 자세하게 설명하는 글을 10줄 정도 써보세요!

읽기 그림책 읽기의 중요성

인간이 세상에 태어나 가장 먼저 접하는 책은 그림책이다. 그림
책은 그림과 텍스트를 동시에 접할 수 있는 책으로, 독자로 하여
금 심미적 경험을 이끄는 미적 텍스트 중 하나다. 미적 텍스트를
통해 인간은 아름다움의 가치를 읽어낼 수 있게 되고, 예술적인

행위뿐만 아니라 창의력과 사고력, 상상력, 언어 발달, 감정적 이해, 독해 능력, 문화적 이해 등 다양한 측면에 있어 큰 영향을 받는다.

그림책은 어린이들의 창의성을 자극한다. 색다른 캐릭터, 아름다운 풍경, 신비로운 이야기 등 그림책 속에서 만들어지는 세계는 어린이들의 상상력을 자극하고 확장시키기에 충분하다. 상상력은 창의성의 근간이 되며, 그림책은 어린이들에게 이를 키우는 중요한 수단으로 작용한다. 또한 그림책은 어린이들의 언어 발달에도 큰 도움을 준다. 색다른 단어, 문장 구조, 풍부한 어휘가 그림과 함께 제공되면서 어린이들은 자연스럽게 언어를 습득하고 발전시킬 수 있다. 문법적인 규칙이나 어휘의 의미를 이해하고 활용하는 연습을 할 수도 있고, 이야기 속 주인공들의 감정과 상황을 함께 경험하면서 아이들이 자신의 감정을 인식하고 이해하는 데 도움을 줄 수 있다. 또한, 그림책은 다양한 가치관, 문화적 배경, 사회적 상황 등을 소개함으로써 아이들의 사회적 기술을 향상시키는 데에도 도움을 준다.

이 밖에도 그림책은 어린이들에게 독서 습관을 형성하고 학습 태도를 강화하는 데 도움을 준다. 책을 읽는 것이 즐거운 경험이 되면, 어린이들은 자연스럽게 독서에 대한 긍정적인 태도를 갖게 되고, 학습에 대한 호기심과 열정을 키울 수 있다. 비교적 분량이 적기에 부담 없이 읽고 지속적으로 읽음으로써 읽기 능력이 향상되고 이를 통해 읽기 효능감과 학습 태도에도 긍정적인 영향을 미치게 된다.

그림책에는 다양한 문화적 배경과 가치관이 담겨 있다. 어린이들의 문화적 이해와 다양성 인식을 높이는 데 효과적이다. 현대 사회에서는 다문화적인 환경에 적응하는 것이 필수적인 능력이기에 그림책이 중요한 역할을 하고 있다고 말할 수 있다.

그림책은 어린이들의 시각적인 인식과 기본 지식 습득에도 도움을 준다. 다양한 색과 모양, 그림의 배치 등은 어린이들의 시각적 지각 능력을 향상시키고, 세계를 둘러싼 다양한 사물과 현상에 대한 이해를 돕는다. 또한, 그림책을 통해 어린이들은 자연과 과학, 역사, 사회 등 다양한 분야에 관한 기본적인 지식을 습득할 수 있다. 뿐만 아니다. 그림책은 초등 아이들에게 가장 중요한 '자기 조절력'을 함양시키는 데 매우 유용하다. 자기 조절력은 외적인 통제나 규제와 관계없이 자신의 감정과 행동을 사회적 맥락 내에서 적절하게 조절하는 능력을 의미한다. 유아기는 충동적 경향이 강해 본능적 기질을 참지 못하는 상황이 자주 발생한다. 하지만 초등학교에 입학하게 되면 아이들은 '학교'라는 공간에서 새로운 능력을 필요로 하게 된다. 이때 무엇보다 중요한 것이 바로 자기 조절력이다. 자기 조절력은 언어 능력과 매우 관계가 깊다. 그림책에 나온 상황과 맥락을 이해하면서 자신의 감정과 타인의 감정을 읽는 훈련을 하게 되면, 스스로 자신의 감정을 살펴보게 되고, 동시에 타인의 감정을 이해하고 읽는 것에도 능숙해지게 된다. 또한 이를 통해 아이들은 정서적 안정감을 얻게 된다. 이것이 초등 1-2학년 초기 문해력 발달 단계에서 그림책 읽기가 강조되어야 하는 이유다.

쓰기 일기! 꼭 써야 하나요?

현대에 와서 가장 중요시되는 능력 중 하나로 '자기성찰지능'이란 것이 있다. 자기성찰지능은 자기 자신에 대한 종합적인 이해를 바탕으로 스스로의 감정, 생각, 행동을 깊이 있게 성찰하고 조절하는 능력을 말한다. 자기성찰지능은 자기 이해, 자기 조절, 자기 설계의 3가지 영역으로 나뉘는데, '자기 이해'는 자기 능력 및 정서를 인식하고 활용하는 것, '자기 조절'은 판단력과 충동 조절력, '자기 설계'는 목표 설정과 성취 지향 능력에 관여한다.

아이들이 자기 스스로를 돌아볼 수 있도록 안내하는 방법 중에 가장 좋은 것은 일상을 기록하게 하는 것이다. 일상의 기록은 일기, 자서전, 회고록, 편지, 메모 등의 형태가 있다. 이 중에서 가장 쉽고 자주 할 수 있는 것이 바로 일기 쓰기다. 일기는 개인의 일상경험을 바탕으로 자아를 성찰하는 글을 말한다. 자신이 남길 만한 가치가 있다고 생각한 일들을 쓰면서 당시에 느꼈던 감정과 생각을 기록하는 것이다. 아이는 일기를 쓰는 과정에서 자신의 하루를 돌아보고 스스로를 회고하게 된다. 이때 있었던 일 중에서 기록할 만한 가치가 있는 글감을 고르는 일은 자신의 삶에 의미를 부여하고 만드는 행위다. 또한 일기는 자신의 하루를 관찰하고 사고하는 힘을 길러준다. 게다가 마음에 쌓인 감정들을 정리하고 해소해주는 역할도 한다.

초등 1-2학년 초기 문해력 발달 단계에서는 그림일기를 추천한다. 그림일기는 아이들이 형식에 구애받지 않고 그날 자신이 느낀 감정과 생각을 자유롭게 글과 그림으로 표현할 수 있는 장르다. 아이들은 그림일기를 그리고 쓸 때, 그날 있었던 일 중 가장 기록할 만한 가치가 있다고 생각하는 것 중 한 장면을 고르게 된다. 이 과정에서 하루에 있었던 일을 '분류'하고, 그 안에서 다시 한 번 기록할 가치가 있는 한 장면을 고르는 '선택'을 하게 된다. 자신이 했던 경험에 다양한 사고 능력을 결합시키는 행위를 하게 되는 것이다. 이 과정에서 창의력도 발산된다.

수많은 20세기의 표현주의자들이 자신의 감정과 생각을 그림일기로 표현했다. 유명한 화가 앙리 마티스와 프리다 칼로는 그림일기를 통해 자신의 감정과 생각을 되돌아보는 습관이 있었고, 이는 다른 새로운 작품으로 이어지는 영감의 씨앗이 되기도 했다.

하지만 우리나라 초등학교 저학년 아이들에게 일기는 매우 부담스럽고 재미없는 장르로 인식되어 있다. 일기 쓰기가 학교 과제물이 되었기 때문이다. 아이들은 자신이 쓴 일기를 선생님이나 부모님과 같은 주변 어른들과 공유해야 하고, 틀린 글자를 지적받거나 다시 쓰기를 강요받기도 한다. 일기 쓰기가 아이들에게 진정 도움이 되기 위해서는 쉽고 재미있게 쓸 수 있도록 도와주는 것이 중요하다.

일기 쓰기의 몇 가지 요령과 지침을 만들어두면 아이들이 훨씬 더 유용하게 글쓰기 방법을 익히는 용도로 그림일기를 활용할 수 있다.

가장 중요한 첫 번째 지침은 '매일 쓰지 않는다'이다. 물론 아이의 성향에 따라 매일 쓸 수도 있지만, 일상의 이야기만을 다루는 일기는 가급적 매일 쓰기보다는 주 2-3회 쓰는 것이 좋다. 대신 보다 흥미롭게 일기를 쓸 수 있도록 다양한 주제와 형식을 제공해주어야 한다.

* 인앤아웃 문해력 일기, 쉽고 재미있게 쓰는 법 *

1. 오감을 활용한 일기 쓰기

: 오늘 들은 것(청각), 본 것(시각), 만진 것(촉각), 냄새 맡은 것(후각), 맛 본 것(미각)을 중심으로 써보기

예시

날짜		날씨	
시각			
청각			
후각			
미각			
촉각			

1-1. 한 가지 감각에 집중해서 오늘 있었던 일 기록하기

예시

날짜		날씨	
시각, 청각, 후각, 미각, 촉각 중 하나를 선택해 그에 대해 써보세요!			
( ) 감각으로 본 오늘			

2. 오늘 있었던 일을 순서대로 쓰고 말하기

날짜			날씨	
	오늘 있었던 일을 순서대로 써보세요!			
1				
2				
3				
4				
5				

3. 테마 일기

: 한 가지 테마를 정해서 주 1회 정도 일기 쓰기

예) 식물 관찰일기, 반려동물 관찰일기 등

4. 좋아하는 것에 대해 일기 쓰기

: 특정한 요일을 정해 좋아하는 사람, 장소, 물건 등에 대해 쓰기

* 아이와 요일별로 쓰고 싶은 테마를 미리 정하고 일기 쓰기 시작하기 *

예시

	월	화	수	목	금	토	일
일기 주제	반려동물 관찰일기	좋아하는 것에 대해 일기 쓰기	일상 일기	오감 일기	계절 일기	휴식	

* 초등 1-2학년 아이들을 위한 인앤아웃 문해력 미션 *

아래 표의 내용을 하나씩 수행해 나가면서 '미션 클리어'에 도전해 보세요!

참 잘했어요

영역	1	2	3	4	5
읽기	도서관에서 오래 있어 보기. 과연 몇 시간까지 있었는지 체크해 보아요!	기록 갱신! 오늘은 그림책 많이 읽는 날! 몇 권까지 읽었는지 기록을 체크해 봅니다.	주 1회 생활동화책 읽고 실천하기	긴 동화책 읽어보기	한 달에 한 번, 자신이 읽은 책을 탑처럼 쌓아보고 인증샷 남기기
쓰기	좋아하는 물건에 대해 10줄 글쓰기	좋아하는 친구에 대해 10줄 글쓰기	좋아하는 가족에 대해 10줄 글쓰기	좋아하는 책에 대해 10줄 글쓰기	좋아하는 음식에 대해 10줄 글쓰기
듣기 말하기	<엄마의 이야기 듣기> 오늘 엄마에게 있었던 일 중에서 하나를 들어보세요!	<친구의 이야기 듣기> 오늘 들었던 친구의 말 중에서 제일 기억에 남는 말은 무엇인가요?	<5분 스피치 > ① 오늘 읽은 책을 가족들에게 소개해 볼까요?	<아빠의 이야기 듣기> 오늘 아빠에게 있었던 일 중에서 하나를 들어볼까요?	<5분 스피치 > ② 내가 좋아하는 것에 대해서 가족들에게 5분간 이야기하기

책 제목	질문하는 아이	**지은이**	글 박종진, 그림 서영
출판사	소원나무	**발행연도**	2022

줄거리 오늘도 궁금한 게 너무 많은 '아이'는 엄마에게 끊임없이 질문을 쏟아
낸다. 그러면 엄마는 우선 다른 일을 먼저 하라고 한다. 아이는 도대체
이해가 되지 않는다. 엄마는 왜 질문을 싫어할까?
이 책은 상상력이 풍부한 한 '아이'의 일상에서 벌어지는 에피소드를
통해 '질문'이 주는 즐거움과 재미를 느낄 수 있도록 해주고, 일상에서
생길 수 있는 다양한 의문들에 대한 답을 자연스러운 이야기로 설명해
준다.

1. 그림책 《질문하는 아이》를 고른 이유를 알아볼까요?

질문 1. 이 책을 고른 이유는 무엇인가요?

질문 2. 이 책의 제목이나 표지를 보고 어떤 느낌을 받았나요?

질문 3. (책 제목과 표지를 보고) 앞으로 어떤 이야기가 펼쳐질 것 같나요?

2. 그림책 《질문하는 아이》를 읽어볼까요?

아직 한글 읽기가 익숙하지 않은 초기 문해력 발달 단계의 아동의 경우, 부모나 교사가 읽어주는 것도 책에 흥미를 끌게 하는 방법 중 하나다. 아이의 상황에 따라서 한 쪽 읽기를 병행한다.

3. 그림책 《질문하는 아이》에 대해 독서 메모를 해볼까요?

이 책에 등장하는 사람은 누구누구인가요?

이 책에 등장하는 주인공 아이는 어떤 성격인가요?

이 책에 나온 질문 중에서 가장 인상적인 것은 무엇인가요? 그 질문을 그대로 따라 써보세요!

이 책에서 가장 인상적인 장면은 어떤 것이고, 그 이유는 무엇인가요?

4. 나만의 질문 만들기

아이는 왜 그렇게 계속 질문을 할까요?

질문을 하면 어떤 점이 좋을까요? 혹은 질문을 하면 어떤 점이 불편할까요?

이 책을 읽고 평소에 내가 자주하는 질문 3가지를 적어보세요!

①

②

③

5. 이 책을 읽어보라고 추천해주고 싶은 사람이 있나요?

그럼 그 사람에게 이 책을 소개해 보세요! 추천하는 이유도 써보세요.

(*초등 1-2학년 단계에서는 말로 해서 동영상으로 촬영해도 좋고, 글로 짧게 적어도 좋습니다.)

이 책을 소개합니다!

_____

_____

_____

_____

6. 그림책 《질문하는 아이》를 재미있게 읽었나요? 별점을 남겨봅시다.

책 제목	수박 수영장	**지은이**	안녕달
출판사	창비	**발행연도**	2015

줄거리 한 농촌 마을에 수박 수영장이 개장했어요. 아이들뿐만 아니라 동네 어른들까지 모두 수박 수영장에서 유쾌한 날들을 보냈습니다. 여름 내내 온 동네 사람들의 놀이터가 된 수박 수영장은 가을 낙엽이 떨어지자 문을 닫게 되었습니다. 하지만 아무도 아쉬워하지 않습니다. 왜냐하면 내년 여름이면 또 어김없이 수박 수영장이 개장할 테니까요.

1. 《수박 수영장》을 고른 이유를 알아볼까요?

질문 1. 이 책을 고른 이유는 무엇인가요?

질문 2. 이 책의 제목이나 표지를 보고 어떤 느낌을 받았나요?

질문 3. (책 제목이나 표지를 보고) 앞으로 어떤 이야기가 펼쳐질 것 같나요?

2. 《수박 수영장》을 읽어볼까요?

글보다는 그림 위주의 책이다. 그러므로 그림책 속에 등장한 등장인물이 어떤 말을 했을 것 같은지 이야기 나누면서 읽으면 좀 더 생동감을 느낄 수 있고, 아이가 작품을 온전히 이해하는 데 도움이 될 것이다. 책을 한 쪽씩 구석구석 꼼꼼하게 읽는 것이 이 책을 제대로 즐기는 포인트다.

> **엄마** 영미야! 여기 수박 수영장에 앞 부분에 등장했던 할아버지, 할머니도 계시네.
>
> 두 분은 어떤 대화를 나누실 것 같아?
>
> **영미** 음, '아이고 시원하다!'라고 하실 것 같은데? 왜 목욕탕에 가면 할머니가 그렇게 말씀하시잖아!

3. 《수박 수영장》에 대해 독서 메모해 볼까요?

이 책에 등장하는 사람은 누구누구인가요?

이 책에 나온 그림 중 가장 인상적인 장면은 무엇이고, 그 이유는 무엇인가요?

이 책에 등장하는 수박 수영장의 좋은 점은 무엇인가요?

4. 올여름은 나만의 수영장으로! 〈나만의 수영장 설계도〉 그리기

위의 그림을 보고 나만의 수영장 이름을 붙여보고, 그 모습을 구체적으로 말이나 글로 설명해 보세요!

수영장 이름 : _____

수영장 묘사하기

_____

_____

_____

5. 이 책을 읽어보라고 추천해주고 싶은 사람이 있나요?

그럼 그 사람에게 이 책을 소개해 보세요! 추천하는 이유도 써보세요.

(*초등 1-2학년 단계에서는 말로 해서 동영상으로 촬영해도 좋고, 글로 짧게 적어도 좋습니다.)

이 책을 소개합니다!

_____

_____

_____

_____

_____

6. 《수박 수영장》을 재미있게 읽었나요? 별점을 남겨봅시다.

☆　☆　☆　☆　☆

* 초등 1-2학년, 초기 문해력 발달 단계 〈국어 교과 성취 기준〉 체크리스트 *

아래의 표는 문해력의 영역(듣기, 말하기, 읽기, 쓰기, 문학)별로 초기 문해력 발달 단계의 성취 기준을 정리한 것이다. 이는 2022년 초등 교육 과정을 바탕으로, 부모나 교사가 아이와 함께 응용할 때 편리를 도모하고자 내용 요소를 질문형으로 바꾸고 체크사항을 상/중/하로 나눠서 부모나 교사가 내 아이의 현시점을 더 자세히 인지할 수 있도록 수정한 것이다. 체크리스트에서 문법과 매체 영역은 제외했다.

각 영역별로 잘되고 있는 부분과 부족한 부분을 기록하면서 아이의 문해력이 영역별로 골고루 발달하고 있는지를 주기적으로 체크해 보면 좋다.

듣기/말하기

범주		내용 요소	상	중	하
지식·이해	듣기/ 말하기 맥락	상황 맥락을 이해하는가?			
	담화 유형	대화에 잘 참여하는가?			
		발표 때 바른 자세로 하는가?			

범주		내용 요소	상	중	하
과정·기능	내용 확인/추론/ 평가	타인의 말을 집중해서 듣는가?			
		중요한 내용을 확인할 수 있는가?			
		일이 일어난 순서를 파악할 수 있는가?			
	내용 생성/조직/표현과 전달	자신이 가지고 있는 경험과 배경지식을 활용할 수 있는가?			
		일이 일어난 순서에 따라 조직하기			
		바르고 고운 말로 표현할 수 있는가?			
		바른 자세로 말하는가?			
	상호작용	말차례를 지킬 수 있는가?			
		타인과 감정을 나눌 수 있는가?			
가치·태도		듣기와 말하기에 대한 흥미가 있는가?			

아이(학생)의 듣기/말하기 영역에 대한 부모(교사)의 생각 쓰기

(*좀 더 보강해야 할 부분과 강화해야 할 부분 중심으로 피드백하기)

범주		내용 요소	상	중	하
지식 · 이해	글의 유형	친숙한 화제의 글을 이해하는가?			
		설명 대상과 주제가 명시된 글을 읽고 이해하는가?			
		생각이나 감정이 명시적으로 제시된 글을 읽고 이해하는가?			
과정 · 기능	읽기의 기초	글자나 단어를 막힘없이 읽는가?			
		문장이나 짧은 글을 소리 내어 읽을 수 있는가?			
		알맞게 띄어 읽을 수 있는가?			
	내용 확인과 추론	글의 중심 내용을 파악할 수 있는가?			
		인물의 마음이나 생각을 짐작할 수 있는가?			
	평가와 창의	인물과 자신의 마음이나 생각을 비교할 수 있는가?			
가치 · 태도		읽기에 대한 흥미가 있는가?			

아이(학생)의 읽기 영역에 대한 부모(교사)의 생각 쓰기

(*좀 더 보강해야 할 부분과 강화해야 할 부분 중심으로 피드백하기)

_____

_____

_____

범주		내용 요소	상	중	하
지식·이해	글의 유형	주변 소재에 대해 소개하는 글을 쓸 수 있는가?			
		겪은 일을 표현하는 글을 쓸 수 있는가?			
과정·기능	쓰기의 기초	글자를 쓸 수 있는가?			
		단어를 쓸 수 있는가?			
		문장을 쓸 수 있는가?			
	내용 생성하기	일상을 소재로 내용을 만들어낼 수 있는가?			
	표현하기	자유롭게 표현할 수 있는가?			
	공유하기	쓴 글을 함께 읽고 반응할 수 있는가?			
가치·태도		쓰기에 대한 흥미가 있는가?			

아이(학생)의 쓰기 영역에 대한 부모(교사)의 생각 쓰기

(*좀 더 보강해야 할 부분과 강화해야 할 부분 중심으로 피드백하기)

문학

범주		내용 요소	상	중	하
지식·이해	갈래	시, 노래, 이야기, 그림책의 갈래를 이해하는가?			
과정·기능	작품 읽기와 이해	낭송하기나 말놀이하기를 좋아하는가?			
		말의 재미를 느끼고 있는가?			
	해석과 감상	작품 속 인물을 상상할 수 있는가?			
		작품을 읽고 느낀 점을 말할 수 있는가?			
	창작	시, 노래, 이야기, 그림 등 다양한 형식으로 표현할 수 있는가?			
가치·태도		문학에 대한 흥미가 있는가?			

아이(학생)의 문학 영역에 대한 부모(교사)의 생각 쓰기

(*좀 더 보강해야 할 부분과 강화해야 할 부분 중심으로 피드백하기)

문해력 상담소 [어떻게 해야 할까요?]

초등 1-2학년, 초기 문해력 발달 단계 Q&A

사례 ① 읽기, 쓰기, 말하기, 듣기 중에서 가장 중요한 것은 무엇인가요?

> 네 가지 국어 영역인 읽기, 쓰기, 말하기, 듣기로
>
> 문해력을 향상시킨다는 내용이 신선합니다.
>
> 이 중에서 초등 1학년 아이에게
>
> 가장 중요한 영역은 무엇일까요?
>
> - 초 1 경수맘

문해력에 있어 읽기, 쓰기, 말하기, 듣기의 네 가지 영역은 모두 중요합니다만, 보통 초 1-2학년에 해당하는 초기 문해력 발달 단계에서는 '듣기'가 가장 중요하다고 볼 수 있습니다. 잘 들어야 잘 표현할 수 있기 때문인데요. 타인의 말을 잘 듣고 이를 이해하고 수용하는 '듣기' 능력은, 이후 다른 영역(읽기, 쓰기, 말하기)의 고른 발달에 막대한 영향을 미치게 됩니다. 또한 아동들에게 듣기 능력은 문해력의 차원이 아니라 삶을 살아가는 태도적인 측면에서

도 중요합니다. 듣기는 이해력과 집중력 향상, 공감 능력, 어휘력과 표현력 강화에 영향을 미칩니다.

또한 그 사람의 말에 집중하는 과정에서 타인의 감정을 이해하고 공감하는 능력을 기를 수 있습니다. 인간은 타인의 말을 듣는 것을 통해 다양한 표현과 어휘를 배우게 됩니다. 듣기를 향상시키기 위해 가정 내에서 다음과 같은 방법들을 실행해주시면 좋습니다.

우선 '동화 듣기'를 추천합니다. 동화에는 다양한 묘사와 표현법이 있습니다. 특히 초등학교 1-2학년의 경우에는 오디오북이나 조부모, 부모, 형, 누나 등 주변의 문해력(문식) 후원자가 읽어주는 동화를 충분히 듣는 것이 중요합니다. 아이가 한글을 깨치고 나면 부모들은 대개 '읽어주기'를 중단합니다. 그동안 많이 읽어주기도 했고, 아이 역시 혼자 읽겠다고 하기 때문이지요. 물론 혼자 읽는 것도 반드시 필요하지만, 초기 문해력 발달 단계에서는 문해력 후원자가 읽어주는 것을 듣는 시간이 절대적으로 필요합니다. 아동들은 타인이 읽어주는 것을 통해 책 내용을 상상하기도 하고, 이해하지 못하거나 어려운 내용의 경우 질문하는 과정을 통해 책 내용을 이해하거나 배우게 됩니다.

두 번째, 들은 내용을 따라서 말하도록 해주세요. 간단한 문장이나 이야기를 듣고 그것을 그대로 따라하거나 자신만의 생각과 감정을 추가하여 말하는 것도 '듣기'를 훈련하는 좋은 방법입니다.

세 번째, 다른 사람과 대화할 때 상대방의 말을 끝까지 듣고 자신의 의견을 표현하도록 안내해주세요. 듣는 행위는 타인의 말을 끝까지 경청하는 것이 기본입니다. 그 후 들은 내용을 토대로 자신의 생각과 감정을 언급하게 함으로써 상대의 말을 끝까지 듣도록 유도하는 것도 '듣기'의 좋은 훈련 방법입니다.

사실 읽기, 쓰기, 말하기, 듣기 중 어느 한 가지만을 중요하다고 단정하기는 어렵습니다. 다만 초등학교 1학년 아이의 문해력 향상에 있어서는 듣기를 강조하고 싶습니다. 듣기는 모든 문해력의 기본이자 토대이기 때문입니다. 듣기를 통해 아이가 진정으로 자신만의 생각과 감정을 자연스럽게 표현할 수 있도록, 더불어 타인의 말과 글을 잘 읽어낼 수 있도록 다독여주세요.

사례 ② 아이가 그림책만 읽으려 하는데 괜찮을까요?

> 아이가 취학 전부터 그림책을 좋아해서
>
> 그림책 위주로 책을 읽어줬습니다.
>
> 한글을 깨치고 난 이후로는 혼자서
>
> 그림책을 찾아서 읽곤 했어요.
>
> 근데 아이가 초등학교에 들어가서도 여전히
>
> 그림책만 읽고, 글이 많은 동화책이나
>
> 지식, 정보 습득을 위한 책은 읽으려고 하지 않습니다.
>
> 이제는 초등 2학년이라 글이 있는
>
> 책 위주로 읽혀야 하지 않을까 걱정이 됩니다.
>
> 어떻게 해야 할까요?
>
> - 초 2 구름맘

아이들 독서의 목적은 크게 두 가지로 나눠볼 수 있습니다. 감상과 흥미, 재미를 위한 '감상 독서'와 지식과 정보 습득을 위한 '지식 습득 독서'가 있습니다. 취학 전에는 감상 독서 위주로 독서가 진행되다가 초등학생이 되면 점차 지식 습득 독서의 비중을 늘려가게 됩니다. 하지만 여전히 아이가 감상 독서 위주로 독서를 하고 있다면 부모의 마음은 불안해지기 마련입니다. 초등 1학년이면 '1학년은 그럴 수도 있겠다'라고 넘기지만, 2학년쯤 되면 엄마의 마음은 슬슬 복잡해집니다. 흔히 아이가 한쪽 분야(주제나 소재 측면에서)의 책만 읽는 것을 편독偏讀으로 이해하는 부모님들이 계시는데요. 편독은 글의 장르뿐만 아니라 책의 종류에 따라서 올 수도 있습니다. 아이들이 만화책만 집중적으로 읽는 것도 편독의 한 현상이지요. 구름이의 경우는 편독이 '그림책'으로 오게 된 것입니다. 그림책은 더할 나위 없이 좋은 책의 한 양식입니다. 그림과 글이 조화를 이루며 하나의 예술작품으로 만들어진 것이니까요. 글 분량이 많은 빡빡한 책보다 시원시원하게 그려진 그림과 글로 된 책을 더 좋아하는 것은 인간의 어쩔 수 없는 마음이 아닐까 해요.

걱정과 불안보다는 일단 아이가 잘 읽는 그림책을 눈여겨 봐주세요. 그 안에 아이가 유난히 좋아하는 주제나 소재가 숨어 있을 거예요. 아이가 어떤 특정 장르나 책을 자주 본다는 것은 자신만의 이유가 분명 존재한다는 것입니다. 그러니 단번에 그림책을 놓기보다는 서서히 다른 장르의 책에도 관심을 갖도록 도와주세요.

"구름이는《이파라파냐무냐무》그림책이 왜 좋아?"

"엄마! 이 책 너무 웃겨! 나도 저번에 충치 치료받고 이가 아파서 말하기가 힘들었는데 그때가 생각나서 더 재미있어!"

예를 들어 이지은 작가의《이파라파냐무냐무》(사계절, 2020)를 자주 읽는다면, 아마도 구름이는 '코믹'하면서도 환상적인 요소가 들어 있는 이야기를 좋아하는 것입니다. 그렇다면 비슷한 소재의 이야기책을 찾아 권해주세요. 코믹하면서도 아이들이 좋아하는 글이 있는 동화책으로는《만복이네》시리즈가 있습니다. 만복이네 시리즈는 배경이 계속해서 바뀌면서 아이들을 환상과 동화의 나라로 빠지게 하는 시리즈 책입니다. 어쩌면 구름이가 그림책만 읽는 이유는 동화책이 글이 많아서가 아니라 자신이 좋아하는 소재의 동화책을 아직 찾지 못해서일 수도 있습니다. 어머니께서 그 부분을 잘 도와주신다면 구름이는 글이 많은 동화책도 잘 읽는 아이가 될 것입니다. 지금 아이가 어떤 소재와 주제에 흥미를 갖고 있는지 살펴봐주세요.

사례 ③ 배경지식은 어떻게 쌓아주어야 하나요?

> 독서 활동에서 중요한 것이 배경지식이라고 생각합니다.
>
> 그런데 여러 분야의 배경지식을 어떻게 다 쌓아주어야 할지
>
> 벌써부터 걱정이 되네요.
>
> 다양한 체험이나 여행이 도움이 될지, 아니면 책을 더 많이 읽혀야 할지….
>
> 어떻게 하면 아이의 배경지식을 늘려줄 수 있을까요?
>
> - 초 2 준희맘

배경지식을 채워줘야 할 분야가 너무 많지요. 음악, 미술, 예술, 과학, 인문학 등 정말 한도 끝도 없는 듯합니다. 그래서 인간은 죽을 때까지 공부를 해야 하는 것이고요! 질문하신 '배경지식'의 사전적 의미를 찾아봤습니다. (저는 뭔가 정확한 의미를 모르겠다 싶으면 사전을 찾는 버릇이 있습니다.) 배경지식의 사전적 의미는 어떤 일을 하거나 연구할 때, 이미 머릿속에 들어 있거나 기본적으로 필요한 지식을 말합니다. 책이나 글을 읽을 때 배경지식이 있다면 좀 더 수월하게 그 책과 글에 몰입할 수 있을 것입니다. '아는 만큼 보인다'라는 말이 있잖아요! 예를 들어 《홍길동전》을 읽는다고

가정해 봅시다. 홍길동전이 신분제도가 있는 조선시대를 배경으로 한다는 사실을 모른 채 책을 읽으면 한 집에 살면서 '아버지를 아버지라고 부르지 못하고, 형을 형이라고 부르지 못하는' 홍길동의 상황에 공감하기 어려울 것입니다. 작품 속 시대상을 이해하지 못하면 홍길동이 왜 집을 나가게 되었는지 이해할 수 없게 되고, 그러면 작품을 제대로 읽어낼 수 없게 되는 것입니다.《홍길동전》을 읽기 전, 먼저 조선시대의 양반과 서자 등 신분 관계에 대해 충분한 배경지식이 있어야만 작품 속 인물인 홍길동의 심정을 잘 이해하고 그만큼《홍길동전》에서 작가가 독자들에게 하고 싶은 이야기가 무엇인지 잘 읽어낼 수 있을 것입니다. 이처럼 배경지식은 텍스트를 해석하고 이해하는 데 매우 중요한 영향을 미칩니다. 또한 새로운 정보를 이해하고 습득하는 데 중요한 역할을 합니다. 다양한 배경지식을 가진 아이들은 새로운 개념을 배우는 데 있어 더 수월하게 이해하고 그것들을 서로 연결할 수도 있습니다.

특히 과학, 사회, 역사 등의 과목에서 유익합니다. 예를 들어, 과학 수업에서 지구의 구조를 배울 때, 지구과학에 대한 기본적인 배경지식이 있다면 학습이 훨씬 더 쉽게 이루어질 것입니다.

배경지식을 풍부하게 하려면 어떻게 해야 할까요? 먼저 삶과 연결된 배경지식부터 쌓아야 합니다. 예를 들어 올해 여름 올림픽이 개최된다고 가정해 봅시다. 올림픽 전부터 대표팀의 예선전이 이루어지고, 각종 언론에서는 중계방송을 할 것입니다. 그때 단순히 경기관람 및 응원만 하는 것이 아니라 관련된 배경지식을 아이와 함께 찾아보고 이를 정리해 나가는 것입니다. 올림픽에 관해서라면 '전쟁이 나도 올림픽을 하는 이유', '올림픽의 역사', '우리나라의 최고 성적은?', '아이가 좋아하는 종목의 세계선수들 리스트업' 등의 정보를 채워갑니다. 이렇게 일상의 삶과 연결된 정보와 지식을 채우면 단순한 암기, 주입식의 지식이 아니기에 더 오래 기억됩니다.

두 번째, 다양한 장르의 책을 읽어야 합니다. 배경지식의 범위는 한도 끝도 없습니다. 역사, 과학, 스포츠, 철학, 의학, 예술, 문학 작품 등 무궁무진합니다. 그리하여 특정 분야의 책을 편독하기보다는 다양한 영역의 책을 골고루 읽어나가면서 배경지식을 쌓아가야 합니다. 더불어 이를 기록하고 독서일지를 차곡차곡 정리하는 것을 통해 쌓인 지식을 오래 기억할 수 있도록 합니다.

세 번째, 아이가 다양한 경험을 할 수 있도록 해주세요. 직접 경험하는 것만큼 강렬한 지식은 없습니다. 독서를 통한 간접 경험도 중요하지만 직접 체험을 통해 아이가 다양한 지식을 몸으로 체득할 수 있도록 도와주는 것이 무엇보다 중요한데요. 전시회나 박물관을 방문하거나 자연 탐사 활동을 하는 것을 추천합니다.

네 번째, 아이들의 눈높이에 맞게 제작된 교육용 TV 프로그램과 다큐멘터리를 보게 해주세요. 자연, 역사, 과학 등을 주제로 한 다큐멘터리를 함께 시청하면서 새로운 지식을 흥미롭게 배울 수 있습니다.

다섯 번째, 무엇보다 가족이 참여하는 공동 독서시간을 마련하여 가족 모두가 함께 책을 읽는 시간을 정기적으로 갖고, 책을 읽은 후에는 가족끼리 토론을 통해 책의 내용을 공유하고, 서로의 생각을 나눕니다. 또한 책과 관련된 활동을 지속적으로 함께함으로써 실질적인 경험을 쌓게 합니다. 더불어 퀴즈게임이나 역할놀이를 통해 다양한 지식을 재미있게 학습할 수 있도록 합니다. 단편적인 배경지식 습득에만 그치지 말고, 관심 있는 주제를 한 가지 정해서 일정 기간 동안 프로젝트를 수행하게 하는 것도 배경지식을 넓히는 방법 중 하나입니다. 예를 들어, 특정 동물에 대해 연구하고, 발표 자료를 만들도록 해보는 것입니다. 이를

PPT 형식으로 만들어 가족이나 이웃, 친구들 앞에서 발표하게 하거나 영상으로 제작하며 가족 상영회를 하는 것도 좋은 방법입니다.

초등학생들이 배경지식을 쌓는 것은 학습 능력 향상, 비판적 사고 능력 증진, 사회적 상호작용 능력 향상 등 여러 면에서 중요합니다. 집에서 다양한 방법을 통해 배경지식을 쌓을 수 있도록 도와주면 아이들이 더 폭넓고 깊이 있는 지식을 습득하게 됩니다. 독서, 다양한 경험 제공, 미디어 활용, 가족과 함께하는 학습 활동, 창의적 표현 활동 등을 통해 아이들이 배경지식을 풍부하게 쌓을 수 있도록 지속적으로 지원해주면 좋습니다.

사례 ④ 맞춤법을 계속 틀리는데 어떻게 해야 할까요?

> 우리 아이는 초등학교 2학년입니다.
> 1학년 때부터 맞춤법을 자주 틀렸습니다.
> 어려운 단어라면 어느 정도 넘어가겠는데
> 평소에 자주 쓰는 단어를 자꾸 틀리다 보니
> 부모로서 마음이 점점 조급해집니다.

맞춤법이 틀린 글은 성의 없는 글로 보이기 쉽지요. 아이가 정성스럽게 쓴 글인데 읽는 사람들이 '정성이 덜 들어간' 글이라고 생각한다면 아이도 엄마도 많이 속상할 겁니다. 요즘에는 다양한 콘텐츠가 대량 생산되면서 맞춤법이 틀린 글들도 무분별하게 많이 공유되고 있습니다. 특히 일상에서 쓰는 쉬운 단어나 자주 쓰는 문장의 경우, 맞춤법이 자주 틀리면 읽는 이들에게 신뢰를 줄수 없는 글로 여겨지게 됩니다. 아이에게 체계적으로 맞춤법을 가르쳐주기 위해서는 우선, 일상생활에서 반복적으로 알려주는 것이 중요합니다. 아이가 자주 틀리는 문장이나 단어가 있다면 이를 잘 정리해서 아이가 자주 머무는 공간에 붙여주세요. 아이가 집에서 오며 가며 자주 그 문장과 단어를 보고 익힐 수 있도록 반복적으로 노출시켜주는 것이지요. 이때 한꺼번에 너무 많은 단어나 문장을 적기보다는, 2개에서 최대 5개 정도의 단어와 문장을 노출시켜주는 것이 좋습니다. 이후 아이가 그 단어의 맞춤법을 익혔다면 다른 단어와 문장으로 바꿔주시면 됩니다.

두 번째로 다양한 책 읽기를 통해 자연스럽게 맞춤법을 익히고 문장 구조를 익힐 수 있도록 해주세요. 책을 읽고 난 후에는 토론을 하면서 내용을 공유하고 한 문장이라도 토론 내용이나 책 내용을 기록하게 하면서 정확한 문장과 단어를 사용하는 방법을 익히게 합니다.

세 번째로 게임과 놀이를 통해 학습하게 합니다. 요즘에는 맞춤법을 익히는 보드게임이나 단어 맞추기 게임판 등이 많이 있습니다. 이를 활용하여 아이들이 놀이를 통해 정확한 단어와 문장을 자주 접할 수 있도록 해주세요. 또한 온라인게임 형식으로 나온 틀린 단어 찾기 게임 등을 활용하는 것도 맞춤법을 익히는 좋은 방법입니다. 워드 프로세서나 온라인 맞춤법 교정 프로그램을 사용하여, 글을 입력했을 때 자동으로 맞춤법을 교정해주는 것을 아이들이 직접 눈으로 확인할 수 있도록 하는 것도 맞춤법을 익히는 데 좋은 방법이 됩니다.

모바일이나 프로그램으로 제공되는 한글 맞춤법 검사기, 한글 공부 등의 프로그램을 애용하는 방법도 추천합니다. 다만 아이가 쓴 일기나 글에 부모님께서 직접 빨간펜을 들고 맞춤법을 고쳐주는 것은 지양해주세요. 글은 자신의 생각을 표현하는 도구입니다. 비록 부모님이 좋은 의도(아이의 맞춤법을 교정해주려는)로 접근한 방법이라 할지라도, 아이에게 자신의 생각을 부정당하는 것 같은 기분이 들게 할 수도 있기 때문입니다.

아이의 맞춤법은 너무 걱정하지 마시고, 일상생활에서의 팁과 다양한 프로그램을 통해 조금씩 교정해 나가면 좋겠습니다.

사례 ⑤ 시중에 나와 있는 독해력 문제집, 효과적인가요?

> **수능시험에서 국어지문이 어렵게 나온다고 들었습니다.**
> 아직 저학년이지만 다양한 독해지문을 읽게 하는 것이 효과적일까요?
> 주변에서는 방학 동안 다양한 독해지문이 있는 문제집을
> 풀게 하는 엄마들이 많은데
> 어떻게 하는 것이 좋은 것인지 궁금합니다.
> - 초 2 겨울맘

수능 국어지문이 어렵게 나오면서 부모님들의 걱정이 많으시죠. 초등학교 아이에게 독해력 문제집을 풀게 하는 것은 여러모로 유

익할 수 있습니다. 그러나 단순히 문제를 푸는 것 이상의 효과를 위해서는 접근 방식과 목표를 잘 설정해야 합니다.

독해력 문제집은 아이가 문장을 읽고 이해하는 능력을 키우는 데 있어 유용합니다. 텍스트를 통해 정보를 파악하고 핵심을 추출하는 능력은 모든 과목에 있어 학습의 기초가 되기 때문입니다. 이 능력을 초등학교 시절에 잘 다져놓으면 이후 학습에서 도움을 받게 됩니다. 또한 문제집을 꾸준히 풀다 보면 아이가 규칙적으로 학습하는 좋은 습관을 기를 수 있습니다. 정해진 시간에 학습하는 습관은 학교생활뿐만 아니라 평생 학습에도 긍정적인 영향을 미칩니다.

독해력 문제집은 아이의 현재 독해 수준을 파악하고 도움을 받을 수 있는 도구가 되기도 합니다. 가정 내에서 아이의 독해력 수준을 파악하는 것은 쉽지 않습니다. 학년별로 나온 독해 문제집을 통해 아이의 현재 독해 수준을 파악하며 다양한 난이도의 문제를 접하게 함으로써 자신의 수준을 정확히 알게 할 수 있고, 점차적으로 난이도를 올려가며 독해력을 향상시킬 수도 있습니다.

문제집을 풀고 문제를 맞히며 성취감을 느끼게 되면 아이의 자존감이 높아집니다. 자신이 무엇인가를 잘 해낼 수 있다는 경험은 이후 다른 학습 활동에도 긍정적인 영향을 미칩니다.

단, 독해력 문제집 활용 시 주의할 점이 있습니다. 우선 아이의 흥미를 고려해야 합니다. 재미없고 지루한 문제집은 오히려 독서와 학습에 대한 흥미를 떨어뜨릴 수 있습니다. 아이가 좋아하는 주제나 스토리가 포함된 문제집을 선택하는 것이 무엇보다 중요하니 독해력 문제집을 선택할 때는 아이가 직접 고를 수 있도록 해주면 좋습니다.

또한 아이의 수준에 맞는 적절한 난이도의 독해력 문제집을 선택하는 것이 좋습니다. 대개 독해력 문제집의 경우 학년이나 연령별로 구분되어 있는 경우가 많습니다. 학년을 고려하기보다는 텍스트가 다루고 있는 주제나 소재가 아이가 관심 있는 분야인지를 먼저 체크하는 일이 반드시 필요합니다. 너무 쉬운 문제집은 성취감을 느끼기 어렵고, 너무 어려운 문제집은 좌절감을 줄 수 있습니다. 아이의 현재 독해 능력에 맞춰 적절한 난이도의 문제집을 선택해 점차 난이도를 높여가는 것이 좋습니다. 자신의 연령이나 학년보다 조금 늦더라도 독해력에 큰 차이는 없으니 이 점을 아이가 꼭 이해할 수 있도록 해주세요.

다만 문제집을 풀게 하는 시간을 적절히 관리하는 것이 중요합니다. 너무 오랜 시간 문제집을 푸는 것은 아이에게 부담이 될 수 있으며, 집중력을 떨어뜨릴 수 있습니다. 짧고 집중적으로 학습할 수 있는 시간을 정해주는 것이 좋습니다. 아이와 함께 시간이나 분량을 정하는 것을 추천합니다.

마지막으로 아이 혼자 문제집을 풀도록 방치하기보다는 부모가 함께 풀어보고, 아이가 이해하지 못하는 부분을 설명해주는 것이 좋습니다. 부모의 관심과 지원은 아이의 학습 동기와 성취감을 높이는 데 큰 도움이 됩니다. 더불어 가장 중요한 것은 독해력 문제집에서 아이가 흥미 있어 하는 텍스트나 지문이 나오면 원문을 찾아서 읽게 하는 것입니다. 단편적인 토막글로는 짧은 독해력을 잠깐 향상시킬 수 있지만, 근본적인 독해력이 될 수는 없습니다. 독해력이 쌓이면 추론 능력, 비교와 대조 능력, 구성력, 묘사력이 동반 상승되어야 하는데 이는 독해력 문제집만으로는 키울 수 없습니다. 독해력 문제집은 아이의 '독해력'을 향상시키는 하나의 도구일 뿐입니다. 문제집 외에 다양한 독서 활동을 병행해야 합니다. 다양한 책을 읽고 독서 활동을 병행하는 것이 중요합니다. 더불어 독해력은 아이들마다 차이가 매우 큽니다. 개별 맞춤형 학습 프로그램을 활용하는 것도 고려해 볼 만합니다. 디지털 학습 도구를 통해 아이의 독해 수준을 파악하고, 그에 맞는 학습 자료를 제공받을 수도 있습니다.

결론을 말하자면, 초등학교 아이에게 독해력 문제집을 풀게 하는 것은 독해력 향상에 유익할 수 있습니다. 그러나 이를 효과적으로 활용하기 위해서는 아이의 흥미를 고려한 문제집 선택, 적절한 난이도 설정, 학습 시간 관리, 부모의 관심과 지원 등이 필요합니다. 독해력 문제집 외에도 다양한 독서 활동을 반드시 병행해서 책을 온전히 읽어낼 수 있도록 도와주어야 합니다.

4 초등 3-4학년, 중기 문해력 발달 단계

문해력 황금기,

평생 문해력 줄기 만들기

읽기가 습관이 되는 하루 10분 '지속적 묵독'의 힘

1997년 맥크라켄McCracken에 의해 만들어진 개념인 '지속적 묵독Silent Sustained Reading'은 다독의 한 방법이다. 지속적 묵독은 아이 스스로 읽고 싶은 책을 선정하여 약 10~15분간 눈으로 읽는 형태의 독서법이다. 묵독 후 별도의 독서 과제를 수행하지 않는 자율적 읽기 활동 중 하나다. 초등 3-4학년 시기에 해당하는 중기 문해력 발달 단계는, 문해력 학습에 있어 황금기라고 볼 수 있다. 이 시기의 아동들은 초기 문해력 발달 단계인 초등 1-2학년 시기에 익힌 낭독법을 활용해서 유창하게 읽기가 가능해진다. 이 과정에서 어휘력, 감수성, 창의력이 폭발한다.

이후 초등 3-4학년에는 지속적 묵독을 통해 아이가 짧은 시간이라도 책에 푹 빠지는 경험을 해나갈 수 있도록 해주는 것이 매우 중요하다.

묵독默讀은 조용히 혼자서 글을 읽는 것이다. 묵독이 보편화된 것은 근대 이후의 일이다. 문자를 내면으로 읽고 의미를 음미하는 묵독은, 인쇄 문화로 책이 대중화되기 시작한 르네상스 이후에 보편화되었다. 묵독을 하면 내용을 검토하고 따져보는 분석력과 비판력이 커진다. 읽은 내용을 바탕으로 자신의 삶을 성찰하고 읽기를 통해 개인적인 회고와 반성의 시간을 가질 수 있다.

또한 묵독은 집중력 향상에도 엄청난 도움이 된다. 소리 내어 읽을 때는 소리에 신경을 쓰게 되어 집중력이 분산될 수 있지만, 묵독을 할 때에는 오직 글의 내용에만 집중할 수 있기 때문이다. 이는 복잡한 정보를 이해하고 기억하는 데 유리한 독서 방식이기도 하다. 또한 낭독에 비해 읽는 속도가 빨라지면서 받아들이는 정보의 처리 속도도 빨라진다. 빨라진 속도만큼 더 많은 지식을 받아들여 독해력이 함께 상승하기 때문에 텍스트를 이해하고 분석하는 능력을 키우는 데 도움이 된다. 특히 문학 작품이나 복잡한 이론서 등 깊이 있는 독해가 필요한 자료를 읽을 때 묵독은 필수적이다.

우리는 책을 읽는 동안 다양한 감정을 경험한다. 특히 감동적인 이야기나 공감할 수 있는 상황을 접할 때, 자신의 감정을 보다 잘 이해하고 다스릴 수 있게 된다. 이때 묵독은 우리의 상상력을 자극한다. 우리는 글을 읽으면서 머릿속으로 장면을 그려보고, 인물의 감정을 상상하는데, 이 과정에서 창의력이 발휘되는 것이다. 묵독 중에 생긴 창의력은 새로운 아이디어 제공의 원천이 되기도 하고, 다양한 주제의 책을 읽으며 새로운 시각과 접근 방식을 모색하게 하기도 한다. 결국 개인의 창의성을 높이는 데에도 긍정적인 역할을 하는 것이다. 또한 책 속의 등장인물들이 겪는 문제를 해결하는 과정을 따라가면서, 함께 고민하고 해결 방안을 모색하게 되어 문제 해결 능력도 커지게 된다. 이처럼 묵독은 문해력의 많은 부분에 긍정적인 영향을 미친다. 아이들이 낭독을 통해 유연하게 읽기가 가능해지면 반드시 하루 10~15분간 원하는 책을 묵독하는 시간을 갖게 하면서 다양한 방식의 독서 습관을 몸에 배도록 하는 것이 좋다.

낭독과 지속적 묵독을 통해 유창하게 읽기가 이루어지면 읽은 내용의 핵심을 파악하고 이를 요약하는 연습을 시작해 본다. 문해력은 어떤 특정 시기나 기간에만 하는 것이 아니라 평생 일상의 삶을 통해 익혀나가야 한다. 그리고 그러기 위해서는 초등 때부터 아이들이 스스로의 힘으로 다양한 읽기 방법이나 전략을 익히고 적재적소에 활용할 줄 알아야 한다.

초등 3-4학년 시기인 중기 문해력 발달 단계에서는 다양한 읽기 전략을 활용할 줄 알아야 한다. 그중 중심 내용 파악하기와 요약하기는 모든 읽기 전략에 응용되는 방법이다. 요약하기의 사전적 정의는 중요한 점을 간추리는 것이다. 그러므로 요약을 한다는 것은 내용을 이해한다는 의미다. 요약을 잘하기 위해서는 필자의 의도에 따라 문장의 짜임과 내용을 고려하여 중심 내용을 추출할 수 있어야 한다. 그리고 이를 위해서는 무엇보다 연습과 훈련이 필요하다. 짧은 에세이나 생활문, 주장하는 글, 설명하는 글, 동화 등 다양한 장르의 짧은 글을 아이와 함께 읽고 내용을 요약하는 연습을 해보자. 이때 다양한 요약법이 있겠지만 아이들이 비교적 쉽고 재미있게 할 수 있는 '네 컷 요약하기'를 소개한다. 네 컷 요약하기를 할 때는 미리 부모나 교사가 짧은 읽을거리를 읽고 네 가지 키워드를 정한 후 구획을 나눠준다. 이후 아이가 글을 읽고 스스로 네 가지 키워드에 맞게 내용을 채워나가게 하면 되는 것이다. 여기서 네 컷은 글의 요소가 될 수도 있고, 전개 방식도 될 수 있다. 각 장르에 맞게 설정한다. 또한 아이가 네 컷 요약하기에 익숙해지면 소제목을 직접 붙여보게 하는 것도 요약하기 훈련을 한 단계 업그레이드시킬 수 있는 방법이다.

다음은 초등학교 3학년 지수가 쓴 창작동화 〈지구를 지키는 작은 영웅들〉이다. 이 글을 읽고 '네 컷 요약하기'를 해보자.

지구를 지키는 작은 영웅들

옛날 옛적, 아름다운 숲속 마을에는 동물들과 사람들이 함께 행복하게 살고 있었어요. 이곳은 나무들이 울창하고, 맑은 시냇물이 흐르는 평화로운 곳이었어요. 하지만 어느 날, 마을에 큰 변화가 일어나기 시작했어요. 사람들이 점점 더 많은 나무를 베고, 쓰레기를 함부로 버리기 시작했거든요. 숲속 마을의 동물들은 점점 살 곳을 잃어 갔어요. 나무들이 사라지면서 새들은 둥지를 틀 곳이 없어졌고, 토끼들은 먹을 풀이 줄어들었어요. 시냇물은 더러워져서 물고기들이 살기 힘들어졌어요. 마을 사람들도 깨끗한 공기를 마시기 힘들어졌고, 병에 걸리는 사람들도 늘어났어요. 이 상황을 안타깝게 지켜보던 네 명의 어린이들이 있었어요. 이름은 민준, 소미, 현우, 지아였어요. 이들은 숲속 마을을 사랑했고, 더 이상 이런 일이 일어나지 않도록 지구를 지키기로 결심했어요. 네 친구는 '작은 영웅들'이라는 이름을 붙이고 모험을 시작했어요.

먼저, 어린이들은 나무를 심기로 했어요. 나무를 심으면 동물들이 살 곳이 생기고, 공기가 깨끗해질 수 있다는 것을 알았거든요. 이들은 마을 사람들에게 나무 심는 방법을 알려주기 위해 작은 축제를 열기로 했어요. 축제에서는 나무 심는 방법을 가르치고, 모두 함께 나무를 심는 시간을 가졌어요. 사람들은 나무 심기의 중요성을 깨닫고, 함께 힘을 모아 많은 나무를 심었어요.

다음으로, 어린이들은 마을에 있는 쓰레기를 치우기로 했어요. 쓰레기가 자연을 오염시키고, 동물들에게 해를 끼친다는 것을 알았거든요. 그래서 '작은 영웅들'은 마을 곳곳을 돌아다니며 쓰레기를 줍기 시작했어요. 마을 사람들도 이들의 모습을 보고 함께 쓰레기를 주우며 깨끗한 마을을 만들기 위해 노력했어요.

어린이들은 재활용과 분리수거의 중요성도 알게 되었어요. 그래서 마을 사람들에게 재활용의 중요성을 알리기 위해 여러 가지 교육 프로그램을 준비했어요. 함께 재활용품을 만들고, 분리수거하는 방법을 배웠어요. 마을 사람들은 이제 재활용과 분리수거를 철저히 하며, 쓰레기를 줄이기 위해 노력했어요.

어린이들은 깨끗한 물을 아끼는 것도 중요하다는 것을 알았어요. 그래서 물을 아끼는 방법을 마을 사람들에게 가르치기로 했어요. 사람들은 물을 절약하고, 시냇물을 깨끗하게 유지하기 위해 노력했어요. 시냇물은 다시 맑아졌고, 물고기들이 돌아왔어요.

어린이들은 에너지를 절약하는 것도 중요하다는 것을 깨달았어요. 그래서 사람들에게 전기를 아끼고, 에너지를 절약하는 방법을 가르치기로 했어요. 마을 사람들은 불필요한 전기를 끄고, 에너지를 절약하기 위해 노력했어요. 그렇게 하자 마을은 더욱 깨끗하고 건강한 곳이 되었어요.

'작은 영웅들'의 노력으로 마을은 큰 변화를 겪었어요. 나무가 다시 자라면서 동물들이 돌아왔고, 공기가 깨끗해졌어요. 쓰레기가 줄어들고, 재활용이 활성화되었어요. 물도 깨끗해지고, 에너지도 절약되었어요. 마을 사람들은 이제 환경을 소중히 여기며 살아가고 있어요.

하지만 '작은 영웅들'은 여기서 멈추지 않았어요. 이들은 더 많은 사람들이 환경을 소중히 여기도록 돕기로 했어요. 그래서 다른 마을에도 환경 보호의 중요성을 알리기 위해 떠났어요. 이들은 다른 마을에서도 나무를 심고, 쓰레기를 줍고, 재활용을 가르쳤어요.

'작은 영웅들'의 이야기는 금방 퍼져나갔어요. 많은 마을 사람들이 이들의 노력을 보고 환경을 지키기 위해 힘을 모았어요. 지구 곳곳에서 환경 보호를 위한 움직임이 일어났어요. 어린이들은 작은 노력으로도 큰 변화를 만들 수 있다는 것을 깨닫고, 모두와 함께 지구를 지키기 위해 노력했어요.

네 컷 요약 예시)

동화 〈지구를 지키는 작은 영웅들〉 요약하기

1. 등장인물 소개	2. 아이들이 숲속을 지키기 위해 한 일들
3. 아이들의 행동으로 변화한 마을의 모습	4. 이후의 변화들

네 컷 요약하기는 장르에 따라 글을 읽고 꼭 기억해야 할 것 4가지, 새로 알게 된 사실 4가지, 극의 형식이라면 등장인물, 주요 사건, 배경, 엔딩 등으로 나눠서 활용하면 된다.

설명하는 글을 읽고 새로 알게 된 사실 네 가지

1.	2.
3.	4.

등장인물, 주요 사건, 배경, 엔딩으로 요약하기[동화, 소설 등]

1. 등장인물	2. 주요 사건
3. 배경(시간/공간)	4. 결론

때에 따라서 네 컷을 3컷이나 5컷으로 활용할 수도 있다.

3컷 요약 예시)

1. 처음(서론)	2. 중간(본론)	3. 끝(결론)

5컷 요약 예시)

주장하는 글을 읽고 주제와 근거 요약하기

1. 주장하는 내용(주제)	2. 근거 ①
3. 근거 ②	**4. 근거 ③**
5. 결론	

초등 3-4학년에 해당하는 중기 문해력 발달 시기는 평생 문해력 차원에서 가장 중요한 때라고 볼 수 있다. 이때 아동들은 구사할 수 있는 어휘나 문장들이 폭발적으로 증가할 뿐만 아니라 뇌 발달 및 자아 형성이 이루어지기 때문이다. 이 시기에 제대로 된 문해력을 익히는 것은 매우 중요하다. 이 시기 '읽기' 활동에서 가장 강조되어야 하는 것은 글에서 '사실'과 '의견'을 구분하는 일이다. 그리고 이렇게 사실과 의견을 구분하여 읽는 것을 '비판적 읽기'라고 한다. 비판적 읽기는 객관적으로 텍스트를 읽고 이에 대해 검증하는 과정을 통해 글을 세밀하게 읽는 방법 중 하나다.

'사실'은 누구나 확인할 수 있는 진짜 정보이자 객관적으로 증명이 가능한 것을 말한다. 정보나 지식 전달이 목적이다. 예를 들어, "지구는 태양 주위를 돈다"는 사실이다. 이것은 과학적으로 증명된 것이기 때문이다. 반면 '의견'은 말하는 이의 생각과 감정을 뜻한다. 주장이나 설득을 목적으로 한다. 예를 들어, "초콜릿 아이스크림이 세상에서 제일 맛있다"는 것은 의견이다. 어떤 사람은 동의할 수도 있지만, 또 어떤 사람은 딸기 아이스크림이 더 맛있다고 생각할 수도 있기 때문이다. 그러므로 의견은 지극히 주관적이다.

지구는 태양 주위를 돈다. **사실**

초콜릿 아이스크림은 세상에서 제일 맛있다. **의견**

사실과 의견을 구분해야 하는 이유는 첫 번째, 정확한 정보를 알아야 하기 때문이다. 예를 들어, 역사책의 내용 중 '한국은 1945년에 해방되었다'는 사실이다. 하지만 "한국의 역사는 매우 흥미롭다"는 의견이다. 이렇게 사실과 의견을 구분할 줄 알면 아이는 정보 중에서 어떤 것이 사실이고, 어떤 것이 의견인지 명확하게 알 수 있다.

두 번째 이유는 비판적 사고 능력이 향상되기 때문이다. 비판적 사고란 주어진 정보를 분석하고 평가하는 능력이다. 사실과 의견을 구분하는 것은 이 능력을 기르는 데 도움이 된다. 예를 들어, 친구가 "축구가 농구보다 재미있어"라고 말했을 때, 이것은 의견이다. 하지만 나는 "그럴 수도 있고, 아닐 수도 있어"라고 생각할 수 있다. 이렇게 사실과 의견을 구분하게 되면 타인의 의견을 존중하면서도 자신의 생각 또한 명확히 할 수 있다. 요즘 아이들이 자신의 생각과 감정을 잘 표현하지 못하는 이유는 바로 이러한 비판적 사고 능력이 부족하기 때문이다.

세 번째 이유는 논리적인 대화와 토론이 가능해지기 때문이다. 사실과 의견을 구분할 수 있다면 다양한 의견을 나누는 과정에서 서로의 생각을 존중하면서도 건설적인 대화를 나눌 수 있게 된다.

이러한 분별력을 기르기 위해서는 평소에 다양한 장르의 자료를 읽으며 사실과 의견을 구분하는 연습을 많이 해보는 것이 좋다. 다음의 글은 초등학교 4학년 정우의 발표문이다. 발표문의 주제는 〈나무를 더 많이 심어야 하는 이유〉다. 이 글을 읽고 아이와 함께 사실과 의견을 구분해서 정리해 보자.

나무를 더 많이 심어야 하는 이유

여러분, 안녕하세요! 오늘은 학교에 나무를 더 많이 심어야 하는 이유에 대해 이야기해 보려고 해요. 우리가 매일 다니는 학교가 더 멋지고, 건강한 곳이 되기를 바라는 마음으로 이 글을 썼어요.

첫 번째 이유는 나무가 공기를 깨끗하게 해준다는 거예요. 나무는 우리 주변의 이산화탄소를 흡수하고 산소를 내뿜어요. 우리가 숨 쉬는 공기가 더 맑아지면 우리 건강에도 좋겠죠? 특히 운동장에서 뛰어놀 때 신선한 공기를 마시면 더 기분이 좋아질 거예요.

두 번째 이유는 나무가 시원한 그늘을 만들어준다는 거예요. 여름에 운동장에서 놀 때 햇빛이 너무 강해서 힘들었던 적 있나요? 나무가 많아지면 그늘이 더 많아져서 더 시원하게 쉴 수 있어요. 그래서 더운 여름에도 더 즐겁게 놀 수 있답니다.

　　세 번째 이유는 나무가 동물들에게 집을 제공한 다는 거예요. 나무가 많아지면 새들이 둥지를 틀 수 있고, 다람쥐 같은 작은 동물들도 나무에서 살 수 있어요. 이렇게 학교에 다양한 동물들이 찾아오면 우리는 자연을 더 가까이에서 배울 수 있겠죠?

　　네 번째 이유는 나무가 학교를 더 아름답게 만들어준다는 거예요. 다양한 종류의 나무가 자라면 학교가 더 멋있고 예쁘게 변할 거예요. 꽃이 피는 나무도 심으면 봄에는 아름다운 꽃들을 볼 수 있고, 가을에는 멋진 단풍을 볼 수 있어요. 이렇게 자연의 변화를 학교에서 직접 느낄 수 있답니다.

　　마지막 이유는 나무 심기가 재미있는 활동이라는 거예요. 친구들과 함께 나무를 심고 돌보는 과정은 우리에게 큰 즐거움을 줄 거예요. 또, 나무가 자라는 모습을 보면서 성취감을 느낄 수 있어요. 나무가 자라는 동안 우리는 책임감을 배우고, 자연을 사랑하는 마음도 키울 수 있답니다.

이처럼 학교에 나무를 더 많이 심으면 공기도 더 깨끗해지고, 시원한 그늘도 생기고, 동물들에게 집도 제공할 수 있어요. 학교도 더 아름다워지고, 우리가 나무를 심는 과정에서 많은 것을 배울 수 있어요. 그러니 우리 모두 힘을 합쳐서 학교에 나무를 더 많이 심어 보는 게 어떨까요? 여러분의 작은 노력 하나하나가 모여서 큰 변화를 만들 수 있을 거예요!

여러분도 학교에 나무를 더 심는 일에 관심을 가져주길 바라요. 함께 학교를 더 멋진 곳으로 만들어 봐요!

예시)

정우의 발표문 〈나무를 더 많이 심어야 하는 이유〉를 읽고 사실과 의견을 구분하여 정리해 보세요.

〈사실〉

1. _____

2. _____

3. _____

4. _____

5. _____

〈의견〉

1. _____

2. _____

3. _____

4. _____

5. _____

쓰기 어휘력과 묘사력 단숨에 따라잡기

"책은 많이 읽는데 글 쓰는 것을 보면 늘 비슷한 단어만 써요!"

학부모를 대상으로 하는 문해력 강의에서 가장 빈번하게 나오는 말 중 하나다. 초등 시기에 어휘력과 묘사력을 길러야 하는 이유는 학업 성취도와 사회적 관계, 창의성 등이 크게 향상될 수 있기 때문이다. 어휘력이 풍부하면 책이나 교과서를 읽을 때 더 쉽게 이해할 수 있다. 모든 과목에서 중요한 독해 능력을 향상시켜 공부하는 데에도 큰 도움이 된다. 어휘력이 좋으면 글을 쓸 때 더 다양하고 정확한 표현을 쓸 수 있고, 풍부한 어휘와 묘사력은 이야기를 만들거나 그림을 그릴 때 창의적이고 생동감 있게 표현할 수 있도록 한다. 이는 아이들이 예술적 표현을 통해 자신의 생각을 더 잘 전달할 수 있게 만들어 자아효능감에도 많은 영향을 미친다. 다양한 어휘를 습득하게 되면 자신이 머릿속으로만 상상하던 것을 말과 글로 표현할 수 있게 됨으로써 더 많은 창의성을 발휘하게 된다.

어휘력과 묘사력은 타인과의 의사소통에 있어서도 많은 영향력을 발휘한다. 자신의 생각과 감정을 더 잘 표현할 수 있게 되기 때문에 타인과의 이해관계나 공감 능력에도 도움을 준다. 더불어 이런 경험들이 쌓이게 되면 아이는 자신감이 증진되어 자유롭고 창의적으로 문제를 해결하기 때문에 학업 성취에 있어서도 좋은 영향을 미치게 된다. 또한 지적 호기심을 자극하여 새로운 것을 배우는 데 주저함이 없는 아이로 성장할 가능성이 높다.

이렇듯 초등 시기에 어휘력과 묘사력은 전반적인 학습 능력, 사회적 기술, 창의성, 문제 해결 능력, 자신감 등을 향상시키는 데 매우 중요한 역할을 하기 때문에 부모와 교사는 이 시기에 아이가 어휘력과 묘사력을 기를 수 있도록 집중해야 한다.

어휘력과 묘사력을 늘리는 방법으로는 아이가 책을 읽었을 때 책 속에 등장했던 단어나 문장을 정리하게 하는 것이 가장 효과적이다. 단어의 뜻을 정확히 모르고 문맥상으로 어림짐작해서 읽게 되면 그 어휘를 글을 쓸 때나 말할 때 다시 활용하기 어렵다. 그러니 아이가 인상적인 책을 읽었다면 다음에 소개하는 방식처럼 단어와 문장을 수집하도록 안내해주자. 단, 읽은 모든 책을 하기보다는 아이가 특별히 인상 깊게 읽었거나 재미있게 읽은 책을 골라서 하는 편이 좋다. 다음은 동화 《단어의 여왕》(비룡소, 2022)에 나온 단어들이다. 아이와 함께 읽고 있는 책에 나온 단어들로 단어집을 만들어보자.

* 동화 《단어의 여왕》 속 단어 수집 *

고요	신비	수평선	가로등	말투
전철	구덩이	알쏭달쏭	백반	고시원
눈치	총무	방세	망	불안
피난	취업	엉터리	목장갑	우주정거장

단어를 수집할 때 모르는 것은 사전을 찾아서 명확한 뜻을 함께

정리해두는 것이 좋다.

＊ 초등 3-4학년 아이들을 위한 인앤아웃 문해력 미션 ＊

아래 표의 내용을 하나씩 수행해 나가면서 '미션 클리어'에 도전해 보세요!

영역	1	2	3	4	5
읽기	하루 10~15분 묵독하기 (약 한 달 이상)	100~200쪽 가량의 동화책 읽기	기사문을 읽고 사실과 의견 구분해 보기	책을 읽고 새로 알게 된 단어 30개 수집하고 나만의 단어장 만들기	책을 읽고 인상적인 문장 30개 수집하기
쓰기	네 컷 요약하기	책에서 수집한 단어를 활용한 글쓰기 ①	책에서 수집한 단어를 활용한 글쓰기 ②	책에서 수집한 문장을 첫 문장으로 활용한 짧은 글쓰기 ①	책에서 수집한 문장을 첫 문장으로 활용한 짧은 글쓰기 ②
듣기 말하기	친구의 발표 경청하기	친구가 발표한 것을 듣고 장점을 3가지 이상 말해주기	친구와 같은 책을 읽고 토론하기	가족과 같은 책을 읽고 토론하기	가족회의 하기

참 잘했어요

| **책 제목** | 내가 예쁘다고? | **지은이** | 글 황인찬, 그림 이명애 |
| **출판사** | 봄볕 | **발행연도** | 2022 |

줄거리 어느 날, 수업 시간 중 짝꿍 김경희가 '나'를 향해 "되게 예쁘다"라고 말한다. 주인공 '나'는 자신에게 한 말인 줄 알고 깜짝 놀란다. 이후 '예쁘다'는 말에 대해 생각한다. 집에서 거울을 보며 얼굴 구석구석을 체크하고, 할머니에게 잘생겼다는 말을 들은 것도 떠올린다. 잘 모르겠지만 아무튼 예쁘다는 말은 좋은 말이라는 걸 알게 된 나는, 축구 교실을 마치고 집에 가는 길에 만난 저녁노을을 보고 '예쁘다'라는 것에 대해 생각한다. 다음 날, 등교를 해보니 경희는 미주랑 이야기를 하고 있다. 창가 너머에 벚꽃이 한창인 나무를 바라보던 미주가 벚꽃이 예쁘다고 말하자, 경희는 자신의 자리에서 꽃나무가 잘 보인다며 "되게 예쁘다"라고 말한다. 순간, 나는 경희가 했던 말이 나에게 한 것이 아니었음을 깨닫고 너무 창피해서 교실 밖으로 나가고 꽃나무 아래에 이른다. 그리고 예쁜 꽃을 보고 이내 마음이 풀린다. 결국 '예쁘다'는 것은 기분을 좋게 하는 것이라고 정의한다.

1. 그림책 《내가 예쁘다고?》를 한마디로 요약하면 어떤 책인가요?

_____ 에 관한 책이다.

1-1. 그렇게 생각한 이유는 무엇인가요?

_____

2. 주인공 '나'는 짝꿍의 "되게 예쁘다"라는 말을 어떻게 이해했나요?

_____

3. 짝꿍의 "되게 예쁘다"라는 말을 듣고 '나'의 행동은 어떻게 달라졌나요?

_____

4. 주인공 '나'는 짝꿍의 "되게 예쁘다"라는 말의 진짜 뜻을 알고 기분이

어땠나요?

_____

4-1. 나는 언제 '예쁘다'라는 표현을 하는지 생각해 보세요.

1. ....을 봤을 때

2. ....한 상황에 있을 때

3. ....에 갔을 때

4-2. 자신만의 '예쁘다'의 의미를 생각해 보고 표현해주세요!

나에게 '예쁘다'는 ....뜻이다.

5. 일상에서 친구들이나 가족들과 이야기하다가 이런 '말'로 인한 기분 좋은 '오해'가 있었던 적이 있나요? 책의 내용을 내 삶과 연결시켜서 짧

은 감상문을 적어봅니다.

6. 다른 사람에게 기분 좋은 '오해'를 하게 만드는 문장을 3가지만 적어보세요!

①

②

③

7. 이 책을 소개해주고 싶은 사람은 누구이고, 이유는 무엇인가요?

8. 《내가 예쁘다고?》를 재미있게 읽었나요? 별점을 남겨봅시다.

책 제목	단어의 여왕	**지은이**	글 신소영, 그림 모예진
출판사	비룡소	**발행연도**	2022

줄거리 주인공 '나'는 아빠의 사업 실패로 고시원에 숨어 살고 있는 아이다. 나는 언제 고시원 사람들에게 들킬지 몰라 불안에 떨며 살아가지만, 한편으로는 고시원을 떠나 아빠와 바다가 보이는 집에서 반려견과 함께 사는 것을 꿈꾸고 있다. 나는 스스로 '알쏭달쏭고요여왕'이라는 별명을 짓고, '알쏭달쏭'한 어른들의 고단한 삶을 살펴보며 시를 짓는다. 그리고 그 과정에서 여러 단어들을 만나게 된다. 결국 아빠의 상황이 좋아져 가족은 고시원을 떠나 바다가 보이는 집으로 이사를 하게 된다.

1. 《단어의 여왕》에서 가장 인상적인 장면은 무엇인가요?

2. 고시원에 사는 사람들을 어떤 사람이라고 표현했고, 그 이유는 무엇인가요?

3. 이야기 속에 등장한 단어 중에서 가장 기억에 남는 단어는 무엇인가요?
그 단어를 첫 문장으로 활용해서 한 문단의 짧은 글을 써봅니다.

예) 단어: 고요

고요한 바닷가에 놀러 간 적이 있다. 엄마, 아빠, 동생까지 딱 우리 가족뿐이었다. 고요한 바닷가는 마치 우리 가족 전용 수영장 같았다. 해가 질 때까지 온 가족이 수영과 물놀이를 즐겼다.

4. 《단어의 여왕》 이야기를 네 컷으로 요약해 봅시다.

1. '나'가 고시원에 들어오게 된 이유	2. '나'가 본 고시원 사람들의 모습

3. 고시원에서 일어난 결정적인 사건	4. '나'는 어떻게 바다가 보이는 집으로 떠나게 되었나?

5. 이 책을 소개해주고 싶은 사람은 누구이고, 이유는 무엇인가요?

6. 《단어의 여왕》을 재미있게 읽었나요? 별점을 남겨봅시다.

* 초등 3-4학년, 중기 문해력 발달 단계 〈국어 교과 성취 기준〉 체크리스트 *

듣기/말하기

범주		내용 요소	상	중	하
지식·이해	듣기/말하기 맥락	상황 맥락에 맞게 듣고 말하는가?			
	담화 유형	대화, 발표, 토의하는 말하기를 상황에 맞게 적절하게 사용하는가?			
과정·기능	내용 확인/추론/평가	중요한 내용과 주제를 파악할 수 있는가?			
		내용을 요약할 수 있는가?			
		원인과 결과를 파악할 수 있는가?			
		내용을 예측할 수 있는가?			
	내용 생성/조직/표현과 전달	목적과 주제를 고려할 수 있는가?			
		자료를 정리할 수 있는가?			
		원인과 결과 구조에 따라 내용을 조직할 수 있는가?			
		주제에 맞는 의견과 이유를 제시할 수 있는가?			
		준언어, 비언어적 표현을 활용할 수 있는가?			
	상호작용	상황과 상대의 입장을 고려하여 이해할 수 있는가?			
		예의를 지키며 듣고 말할 수 있는가?			
		의견을 교환할 수 있는가?			
	점검과 조정	듣기/말하기 과정과 전략에 대해 점검하고 조정할 수 있는가?			

범주	내용 요소	상	중	하
가치 · 태도	듣기/말하기에 대한 효능감을 갖고 있는가?			

아이(학생)의 듣기/말하기 영역에 대한 부모(교사)의 생각 쓰기

(*좀 더 보강해야 할 부분과 강화해야 할 부분 중심으로 피드백하기)

_____

_____

_____

읽기

범주		내용 요소	상	중	하
지식 · 이해	읽기 맥락	상황 맥락을 고려할 수 있는가?			
	글의 유형	친숙한 화제의 글을 읽을 수 있는가?			
		설명 대상과 주제가 명시된 글을 읽고 이해하는가?			
		주장, 이유, 근거가 명시된 글을 읽고 이해하는가?			
		생각이나 감정이 명시적으로 제시된 글을 읽고 이해할 수 있는가?			

범주		내용 요소	상	중	하
과정 · 기능	읽기의 기초	글을 유창하게 읽는가?			
	내용 확인과 추론	중심 생각을 파악할 수 있는가?			
		내용을 요약할 수 있는가?			
		단어의 의미나 내용을 예측할 수 있는가?			
	평가와 창의	사실과 의견을 구별할 수 있는가?			
		글이나 자료의 출처에 대해 신뢰성을 평가할 수 있는가?			
		필자와 자신의 의견을 비교할 수 있는가?			
	점검과 조정	읽기 과정과 전략에 대해 점검하고 조정할 수 있는가?			
가치 · 태도		읽기에 대한 흥미가 있는가?			

아이(학생)의 읽기 영역에 대한 부모(교사)의 생각 쓰기

(*좀 더 보강해야 할 부분과 강화해야 할 부분 중심으로 피드백하기)

범주		내용 요소	상	중	하
지식·이해	쓰기 맥락	쓰기의 상황적 맥락을 이해할 수 있는가?			
	글의 유형	절차와 결과를 보고하는 글을 쓸 수 있는가?			
		이유를 들어 의견을 제시하는 글을 쓸 수 있는가?			
		독자에게 마음을 전하는 글을 쓸 수 있는가?			
과정·기능	쓰기의 기초	문단 쓰기를 할 수 있는가?			
	계획하기	목적과 주제를 고려해서 계획할 수 있는가?			
	내용 생성하기	목적과 주제에 따라 내용을 생성할 수 있는가?			
	내용 조직하기	절차와 결과에 따라 내용을 조직할 수 있는가?			
	표현하기	정확하게 표현할 수 있는가?			
	고쳐쓰기	문장, 문단 수준에서 고쳐쓸 수 있는가?			
	공유하기	쓴 글을 함께 읽고 반응할 수 있는가?			
가치 · 태도		쓰기에 대한 효능감이 있는가?			

아이(학생)의 쓰기 영역에 대한 부모(교사)의 생각 쓰기

(*좀 더 보강해야 할 부분과 강화해야 할 부분 중심으로 피드백하기)

_____

_____

_____

문학

범주		내용 요소	상	중	하
지식·이해	갈래	시, 이야기, 극의 갈래를 이해하는가?			
	맥락	독자의 맥락을 이해하는가?			
과정·기능	작품 읽기와 이해	자신의 경험을 바탕으로 문학 작품을 읽을 수 있는가?			
		사실과 허구의 차이를 이해하는가?			
	해석과 감상	인물의 성격과 역할을 파악할 수 있는가?			
		이야기의 흐름을 생각하며 감상할 수 있는가?			
	비평	마음에 드는 작품을 소개할 수 있는가?			
	창작	감각적 표현을 활용할 수 있는가?			
가치·태도		작품 감상의 즐거움을 아는가?			

아이(학생)의 문학 영역에 대한 부모(교사)의 생각 쓰기

(*좀 더 보강해야 할 부분과 강화해야 할 부분 중심으로 피드백하기)

문해력 상담소 [어떻게 해야 할까요?]

초등 3-4학년, 중기 문해력 발달 단계 Q&A

사례 ① 아이가 만화책만 읽으려 해서 걱정이에요!

> 꾸준한 독서 습관을 들이기 위해서
>
> 주말마다 도서관에 가는데
>
> 아이가 매번 학습만화책만 읽습니다.
>
> 그냥 두고 보고만 있자니
>
> 제 속이 점점 타들어가고 있어요!
>
> 이대로 계속 지켜만 봐야 할까요?
>
> - 초 3 정우맘

저도 도서관에 자주 가는 편인데 아동열람실에 가면 아이들 90% 이상이 만화책을 보고 있습니다. 열람실 안에 그림책, 동화책, 백과사전 등 재미있는 책이 얼마나 많은데 매번 똑같은 학습만화책만 너덜너덜해질 때까지 그렇게 읽는 건지… 그 모습을 보고 있으면 저도 모르게 살짝 한숨이 나오곤 합니다. 하지만 이럴 때일

수록 생각을 달리해 보려고 해요.

그림책처럼 만화책도 소재와 장르가 다양합니다. 최근에는 그래픽노블graphic novel이라는 장르가 대중화되면서 아이들의 지적 호기심을 자극하는 좋은 만화책이 많이 등장하고 있습니다. 그래픽노블은 '그림 소설'이라는 의미로, 엄밀히 말하자면 만화책의 한 형태입니다. 미국 만화계에서 만들어진 그래픽노블은 '만화는 어린애나 보는 것'이라는 편견에 맞서 '소설만큼 깊은 텍스트와 기존의 만화(코믹스)보다 더 예술적인 그림의 결합'이라는 정의로 출간되기 시작했습니다. 기존의 만화책보다 훨씬 더 길고 소설만큼 복잡한 스토리라인을 가지고 있는 것이 특징입니다. 물론 그래픽노블 역시 만화책의 한 영역입니다. 하지만 아이가 학습만화책만 본다면 이렇게 다른 종류의 만화책도 접하게 해주면서 서서히 다양한 장르로 관심을 돌릴 수 있도록 하는 것도 하나의 방법이라고 생각합니다. 그래픽노블의 경우 서사가 긴 내용이 대부분이라 짧은 만화책의 단순한 내용에 익숙해진 아이들이 조금 더 복잡한 이야기나 긴 구조의 서사를 접하는 매개체로 적합합니다. 또한 그중에는 우리나라 역사나 세계사를 디테일하게 (학습만화책보다는) 다루고 있는 것도 있어서 만화책만 읽는 아이들에게 부족하기 쉬운 지식, 정보 습득을 위한 지식 습득 독서 자료로도 활용할 수 있습니다.

우선 우리나라의 그래픽노블로는 온 가족이 다함께 읽어도 좋은 《박시백의 조선왕조실록》(박시백, 휴머니스트)을 추천합니다. 조선왕조의 긴 역사 이야기가 그림과 함께 구성되어 있어서 가족이 모두 한 권씩 읽고 중요 사건과 인물에 대해 이야기를 나누어도 좋을 것 같습니다. 그 외에도 세계사를 다룬 세계사 그래픽노블 《히스토리 히어로즈》 시리즈(정명섭, 아울북)도 추천합니다. 또한 인류 역사의 태동부터 현대의 역사를 그래픽노블로 출간한 《인류의 역사》 시리즈(교원출판사)를 강추합니다. 쉽고 재미있으면서 깊이 있는 내용으로, 아이들뿐만 아니라 청소년이나 어른들이 읽어도 손색없을 만큼 잘 만들어진 책입니다. 아이들이 읽기 힘들어하는 고전 역시 그래픽노블로 많이 나와 있습니다. 《그래픽노블 모비 딕》(크리스토프 샤부테 글, 문학동네), 《나의 라임오렌지나무: 그래픽노블》(아르투르 가르시아 그림, 동녘) 등이 있습니다. 초등 고학년 추천도서나 권장도서로 빠지지 않는 《기억 전달자》(P. 크레이그 러셀 그림, 비룡소) 역시 그래픽노블로 나와 있습니다. 유명한 인물들의 일대기를 다룬 그래픽노블도 있습니다. 프랑스의 대표적인 만화가들이 참여해 그림을 그린 《조지 오웰》(피에르 크리스탱 글, 마농지)은 조지 오웰의 마흔여섯 해 인생을 그의 작품들과의 집필 배경과 함께 잘 설명해놓았습니다. 또한 다양한 소재를 다룬 창작 그래픽노블도 많습니다. 《벌새》(엘리자 수아 뒤사팽 글, 북극곰), 《튤립의 날들》, 《튤립의 여행》, 《튤립의 결심》, 《튤립의 겨울》(소피 게리브 글/그림, 주니어RHK)과 《인공지능 유리》(피브르티그르, 아르놀드 제피르, 탐) 등도 긴 호흡의 이야기에 입문해야 하는 아이들에게 추천하는 창작 그래픽노블입니다.

아이가 만화책만 본다고 걱정이 많으시죠? 눈을 잠시 돌려서 내 아이가 다른 책에도 관심을 가질 수 있도록 다양한 장르와 분야의 무궁무진한 세계가 있다는 것을 알려주세요. 그러기 위해서는 함께 서점이나 도서관에 자주 가서 새롭게 나온 신간도 보고, 평소 읽지 않거나 잘 가지 않았던 분야의 서가에 들러 보길 강력하게 권합니다. 책은 아이가 직접 손으로 만지고 눈으로 볼 수 있도록 해주는 것이 가장 중요하니까요.

사례 ② 어린이용 고전 문학, 반드시 읽혀야 할까요?

> 《장발장》,《톰소여의 모험》,《80일간의 세계일주》등
> 아이가 어려워하는 고전 문학 작품, 꼭 읽혀야 할까요?
> - 초 4 이슬맘

이슬이가 초등학교 4학년이군요! 반갑습니다. 저도 요즘《장발장》의 장편 버전인《레미제라블》전권 읽기를 다시 하고 있는데, 읽으면 읽을수록 인간에 대한 애정이 깃든 빅토르 위고의 마음이 느껴집니다. 어렵고 긴 고전은 아이들에게 읽히기 참 어렵습니다. 어른들도 쉽게 접근하지 못하는 것이 고전인데 아이들은 더더욱 힘들겠지요. '고전'은 예전에 쓰인 작품으로 시대를 뛰어넘어 변함없이 읽을 만한 가치가 있다고 여겨지는 책을 일컫는 말입니다. 그만큼 수많은 시간을 거치면서 많은 사람들에게 가치를 인정받았다고 할 수 있겠지요. 보통은 30년 이상 꾸준히 읽혀온 책을 고전이라고 말하곤 하는데, 앞서 언급하신 세계 문학 작품들이 대표적인 예가 될 수 있습니다. 흔히 고전은 어렵다고 하지만 사실 현대 문학보다 작가가 말하고자 하는 주제가 명확하고 간결

한 경우가 더 많습니다. 대신 철학적 깊이가 있어서 아이뿐만 아니라 어른이 읽어도 충분한 감동을 느낄 수 있는 세대를 초월하는 책이 바로 고전입니다.

　"초등학생이 고전을 읽어도 될까요?"
　"아직 고전을 읽기에는 어리지 않을까요?"

이 같은 질문에 답하기 앞서 초등학생이 고전을 읽으면 어떤 효과가 있는지를 먼저 말씀드리고자 합니다. 우선 사고의 폭이 넓어집니다. 예를 들어 《장발장》이라는 작품을 읽었다고 가정해 보겠습니다. 이 작품을 통해 아이들은 당시 프랑스 사람들의 비참한 생활상을 알 수 있을 것입니다. 조카를 위해 빵 한 조각을 훔친 장발장이 무려 19년이나 옥살이를 해야만 했던 당시의 생활상을 상상하면서 아이들은 생각의 폭을 넓히게 되는 것이지요. 지금이라면 상상할 수도 없는 일이기 때문입니다. 또 고전을 읽게 되면 인간의 본성과 감정에 대해 알게 됩니다. 장발장은 19년이나 옥살이를 하고 사회에 나오지만, '죄수'라는 이유로 또 한번 사람들로부터 외면을 당하게 됩니다. 이 과정에서 다시 세상을 미워하게 되고, 불신하게 되지요. 하룻밤 묵을 곳조차 마련하지 못한 상태에서 만난 미하엘 주교의 따뜻한 사랑에 감동하지만, 끝내 성당의 은식기를 훔쳐서 도망가게 됩니다. 하지만 다시금 자신을 용서한 미하엘 주교의 사랑에 감동하며 비로소 인간에 대한 깊은 신뢰와 사랑을 회복하게 됩니다. 고전을 읽으며 아이들은 이렇게 인간의 본성과 내면에 대해 깊이 있게 생각할 수 있는 기회를 얻게 되고 이 과정에서 사고의 폭을 넓힐 수 있게 됩니다.

고전은 오랜 시간 많은 독자들로부터 인정받아 온 작품이 대부분입니다. 따라서 뛰어난 문체와 탄탄한 서사 구조를 갖추고 있습니다. 그러니 고전을 자주 읽게 되면 좋은 작품을 고를 수 있는 안목이 생기는 것은 당연한 일이겠지요.

마지막으로 고전 읽기는 가정문식성 차원에서 매우 효과적인 매개체입니다. 어릴 때부터 고전을 접한 사람으로 《자유론》을 쓴 존 스튜어트 밀의 일화는 유명합니다. 밀은 19세기 영국의 철학자이자 경제학자이고 정치인입니다. 그는 아버지와 책을 읽고 대화를 나누면서 공부했습니다. 그때 가장 많이 읽은 책이 고전입니다. 밀은 어린 시절 아버지와의 고전 읽기가 삶을 살아가는 데 지대한 영향을 미쳤다고 많은 글에서 밝혔습니다. 밀은 아버지와 고전을 읽고, 작품에서 말하고자 하는 수많은 질문들에 대해 깊이 있는 대화를 나누면서 문해력과 독서력을 채워나갔을 겁니다. 가정 내 문식 환경이 중요하다는 것은 밀의 사례뿐만 아니라 여러 연구를 통해 이미 밝혀진 내용입니다. 하지만 아이와 부모가 함께 읽고 이야기를 나눌 만한 책은 사실 많지 않습니다. 이때 고전은 세대나 연령과 상관없이 이야기를 나눌 수 있는 삶의 다양하고 근원적인 질문을 던져주니, 가족 문식성 차원에서 도전해봄직한 장르라고 할 수 있습니다. 세계 문학뿐만 아니라 우리나라 고전 문학 작품도 초등 버전으로 나온 작품들이 다수 있습니다. 이를 병행해서 읽는다면 아이들이 더 흥미롭게 고전을 접할 수 있는 기회가 될 것입니다. 추천하는 고전 문학 작품으로는 세계 문학으로 《장발장》, 《15소년표류기》, 《걸리버여행기》, 《지킬박사와 하이드》, 《톰소여의 모험》, 《아라비안나이트》, 《보물섬》, 《노인과 바다》, 《파브르 곤충기》, 《어린왕자》, 《해저 2만리》, 《80일간의 세계일주》, 《안네의 일기》 등이 있고, 한국 고전 문학 작품으로는 《박씨부인전》, 《허생전》, 《양반전》, 《춘향전》, 《구운몽》, 《토끼전》, 《옹고집전》, 《금오신화》 등이 있습니다.

한국 고전 문학 작품 읽기는 옛이야기의 상위 버전이라고 할 수 있습니다. 옛이야기는 다양한 작품에서 변형, 변주되곤 합니다. 요즘에는 고전도 저학년용, 고학년용으로 '어린이 독자용 고전'으로 구분해서 출판되고 있습니다. 어린이 독자용 고전의 경우 아동들에게 유해한 이야기는 삭제됩니다. 이를 두고 어린이용 고전은 진짜 고전이 아니니 읽힐 필요 없다고 말하는 분들도 계시는데 제 생각은 조금 다릅니다. 고전이 담고 있는 다양한 함의를 아이들도 충분히 생각할 수 있고, 그 연령대에 맞게 창의적인 생각으로 변형할 수 있습니다. 더불어 아이들이 원전을 읽을 수 있는 연령대가 되었을 때 다시금 고전을 좀 더 쉽게 다가갈 수 있도록 만들어준다는 것도 초등 시기 고전을 읽히는 이유와 목적이 될 것입니다. 그러니 아이에게 '어린이 독자용 고전'을 읽히면서 고전에 대한 흥미를 끌어올려 주면 좋을 것입니다.

사례 ③ 무거운 주제의 그림책이나 동화책은 어떻게 읽혀야 할까요?

❝ 요즘은 아이들이 이해하기 힘든 내용이 담긴

그림책들이 많습니다.

요즘은 그림책이 다루고 있는 주제와 소재가 정말 다양하지요. 예전에는 단순히 아이들의 감정과 생각, 단순한 지식과 정보를 전달하는 소재 중심이었다면, 이제는 삶의 근원적인 질문인 죽음과 탄생에 대한 이야기, 인간의 존재 가치에 대한 이야기, 소수자나 사회적 약자를 대변하는 이야기까지 무궁무진해졌습니다. 소재와 주제가 다양해진 만큼 아이들이 이해하기 어려운 내용들도 있는 것이 사실입니다. 하지만 우리가 사는 세상에 '아름다운' 이야기만 존재할까요? 그림책은 세상의 축소판입니다. 그래서 그림책 안에는 이 세상의 '아름다움'도 담겨 있지만 '추함'도 함께 있습니다. 탐욕과 권력, 무한경쟁 그리고 그 사이에서 고민하고 방황하고 희생당하는 사람들의 이야기까지 있습니다. 아이들에게 세상의 '아름답고 긍정적인' 면만 소개해도 모자랄 판에 이런 면까지 알게 하는 게 과연 좋은 것인지 고민이 되는 것은 부모로서 지극히 당연한 것입니다. 하지만 요즘 아이들에게 가장 부족한 것은 '공감력'입니다. 공감共感은 타인의 상황과 기분을 느낄 수 있는 능력입니다. 나와 다른 타인의 상황을 아이들이 직접 경험하기란 쉽지 않습니다. 특히 요즘은 자신이 사는 지역 사회 밖의 친구들을 만나기가 쉽지 않습니다. 이렇다 보니 아이들은 나와 다른 타인의 입장을 이해하는 공감력이 무척 부족합니다. 이런 상황에서 아이들이 폭넓은 공감력을 배우기 위해서는 어떻게 해야 할까요? 책을 통해 간접 경험을 하게 하고 이를 부모나 이웃, 친구들과 대화하는 과정에서 익혀야 합니다.

자신을 보호해줄 국가가 없는 지구 반대편 친구들의 이야기를 통해 '난민'의 어려움에 공감하고, 총탄이 쏟아지는 전쟁의 폐허 속에서 살아남은 친구들의 이야기를 통해 전쟁이 우리에게 주는 아픔에 대해 공감할 수 있도록 해주어야 합니다. 얼굴색이 다르다는 이유만으로 '차별'받고 있는 친구들의 이야기를 통해 '인종차별'을 겪는 친구들의 마음을 헤아려보기도 합니다. 그림책이 반드시 아름다운 소재와 주제만 다루어야 한다는 것도 어쩌면 어른들이 만들어놓은 편견이 아닐까 합니다. 우리 아이들이 세상의 기쁨과 슬픔을 책을 통해 제대로 파악하게 된다면 편협한 사고에 갇힌 어른이 아닌, 다양한 사람들의 이야기를 넓은 관점으로 담아낼 수 있는, 포용력 있는 성숙한 어른으로 자라게 될 것입니다.

사례 ④ 아이의 어휘력을 위해 한자 학습을 시켜야 할까요?

> 아이가 초등학교 4학년이 되니
> 점점 알아야 할 어휘들이 늘어납니다.
> 그중 한자어가 대부분이네요.
> 한자를 어디까지 가르쳐야 할지 고민됩니다.
> - 초 4 서준맘

아이의 어휘력 때문에 고민이시군요. 우리말의 80% 이상은 한자어입니다. 아이의 어휘력이 늘어갈수록 한자어의 비중은 더 높아지지요. 결론부터 말하자면 한자를 굳이 쓰는 것까지는 하지 않아도 됩니다. 예를 들면 '서론'이라는 단어의 경우, 서론을 굳이 한자로 쓸 필요는 없습니다. 단, 서론이 어떤 뜻인지 아이가 알고 있어야 하지요. 이를 위해 아이와 책을 읽다가 한자어가 나오면 엄마의 일상 언어로 먼저 설명해주세요.

"서준아, 서론은 한자로 '차례: 서序', '말하다: 론論'이야. 말이나 글에서 본격적인 내용이 나오기 전에 처음에 말하는 부분을 서론이라고 하고, 중간에 하는 말을 본론, 마지막에 말하는 것을 결론이라고 해."

"아! 할머니가 지난번에 엄마한테 잔소리했더니 엄마가 '서론만 하시죠'라고 했잖아! 앞부분만 하시죠! 그런 뜻이었구나!!"

"장서준! 너!!!"

실제로 있었던 상황을 예로 들어보았습니다. 아이들에게 이렇게 일상의 언어로 설명을 해주면 아이는 쉽게 잊어버리지 않을 것입니다. 더불어 활용의 예도 충분히 설명해준다면 어려운 한자어도 자기만의 것으로 소화하여 후에 독서나 글쓰기에 잘 활용하게 됩니다.

아이의 한자어 어휘를 늘리는 방법 중 하나는 어른들과의 대화에 자주 참여하게 해주는 것입니다. 특히 저는 가족회의를 적극적으로 활용하도록 지도하고 있습니다. 가족회의는 순서대로 말하기뿐만 아니라 전 세대가 함께 이야기를 나눌 수 있는 거의 유일한 정식 토의, 토론의 경험입니다. 가족 여행에 관한 안건이나 집안 행사 등에 대해 아이들과 함께 가족회의 형식을 빌어 대화를 나누는 일은, 아이에게는 엄마, 아빠, 형, 누나와 함께 고급 언어를 사용하고 배울 수 있는 계기가 됩니다. 한 달에 한 번 혹은 두 번 가족회의를 하면서 고급 언어를 사용하다 보면, 아이들은 더 많은 어휘를 일상 속에서 체득하게 될 것입니다.

사례 ⑤ 챗GPT 시대에도 글쓰기가 유용할까요?

> 얼마 전 아이가 진지하게 묻더라고요.
> 챗GPT가 글을 다 써준다고 하는데 엄마는 왜 아직도 연필로 글을 쓰라고
> 하느냐고요! 다른 질문에는 어느 정도 대답을 했는데
> 챗GPT 이야기에는 저도 모르게
> 머뭇거리게 되더라고요.
> 아이가 이런 질문을 하면 어떻게 대답해야 할까요?
> - 초 4 희경맘

디지털 혁명이 우리 생활 전반에 깊숙이 침투하면서, 글쓰기 환경에도 많은 변화가 일어나고 있습니다. 특히 인공지능 기술의 발달로 챗GPT와 같은 언어 모델이 등장하면서, 글쓰기의 필요성에 대한 의문이 제기되고 있지요. 아이들도 뉴스와 각종 매체에서 다루는 기사를 보고 읽었을 겁니다. 특히 이 문제는 워낙 세계적인 이슈여서 관련 토론을 하는 경우도 많았을 겁니다. 하지만, 챗GPT와 같은 기술의 시대에도 아이들의 글쓰기는 여전히 중요한 교육 요소로써 다루어져야 합니다. 왜냐하면 글쓰기는 단순히 문장을 만들어내는 작업을 넘어서, 사고력, 창의성, 의사소통 능력 등을 종합적으로 발전시키는 데 큰 역할을 하기 때문입니다.

글쓰기는 아이들이 자신의 생각을 명확하게 표현하고 구조화하는 과정을 통해 사고력을 향상시킵니다. 챗GPT와 같은 도구는 정보를 제공하고 요약하는 데 유용할 수 있지만, 스스로 생각하고 그 생각을 논리적으로 정리하는 능력은 사람이 직접 연습하고 경험해야만 발전할 수 있는 영역입니다. 그래서 글쓰기를 하려면 아이들이 다양한 주제에 대해 깊이 있게 고민하고, 자신의 주장을 논리적으로 펼치는 능력을 길러야 합니다. 이러한 능력은 비판적 사고를 형성하고, 정보를 분석하고 평가하는 데 중요한 기초가 됩니다. 또 아이들은 글쓰기를 통해 자신의 상상력을 표현하고, 창의적인 아이디어를 발전시킬 수 있습니다. 챗GPT는 일정한 패턴을 따르는 언어 생성 도구이기 때문에 창의적 사고를 직접적으로 도와줄 수는 없습니다. 반면, 글쓰기는 아이들이 새로운 이야기를 창작하거나, 독창적인 방법으로 주제에 접근하는 과정을 통해 창의성을 기를 수 있는 기회를 제공합니다. 창의적인 글쓰기를 통해 아이들은 문제를 해결하는 새로운 방식을 발견하고, 다양한 관점을 이해하며, 자신의 생각을 다채롭게 표현하는 능력을 키우게 됩니다.

글쓰기는 의사소통 능력도 강화시켜줍니다. 글쓰기는 아이들이 자신의 생각과 감정을 효과적으로 전달하는 능력을 향상시키는 데 중요한 역할을 합니다. 챗GPT는 일정한 패턴에 따라 문장을 생성하지만, 실제 사람과의 대화나 글쓰기 과정에서 필요한 미묘한 의사소통 기술은 부족할 수 있습니다. 글쓰기를 통해 아이들은 독자나 청중을 고려한 문장을 구성하고, 적절한 어휘와 문체를 선택하는 연습을 하게 됩니다. 이는 아이들이 다양한 상황에서 효과적으로 의사소통할 수 있는 능력을 기르는 데 큰 도움이 됩니다. 그리고 무엇보다 자기표현과 정서적 발달에 긍정적인 영향을 미칩니다.

글쓰기는 아이들이 자신을 이해하고 표현하는 데 중요한 도구입니다. 일기 쓰기나 오감으로 하루 표현하기 등의 활동을 통해 아이들은 자신의 감정을 인식하고, 이를 글로 표현하면서 정서적으로 성장할 수 있습니다. 이는 자기 인식과 정서적 안정감을 높여줄 뿐만 아니라, 스트레스를 관리하고 긍정적인 정신 건강을 유지하는 데 도움이 됩니다. 챗GPT와 같은 도구는 이런 자기표현의 경험을 대체할 수 없기 때문에, 아이들이 글쓰기를 통해 정서적으로 발전하는 기회를 제공하는 것이 중요합니다.

챗GPT와 같은 인공지능 도구의 발전은 글쓰기 교육의 중요성을 결코 감소시키지 않습니다. 오히려 사고력, 창의성, 의사소통 능력, 정서적 발달, 그리고 디지털 리터러시를 기르는 데 있어 글쓰기는 더욱 중요한 역할을 하게 됩니다. 따라서 부모님들께서는 아이들이 지속적으로 글쓰기 연습을 통해 다양한 능력을 종합적으로 발전시킬 수 있도록 격려하고 지원해주어야 합니다.

또한 요즘 아이들은 어릴 적부터 수많은 경쟁에 치여 살기 때문에 스트레스 관리 및 자기 감정 조절에 매우 취약합니다. 글쓰기는 그 어떤 것보다 쓰는 과정에서 분노나 불안 등 불편하고 부정적인 감정을 완화시키는 데 큰 효과가 있습니다. 글쓰기는 '심리치료'에도 상당 부분 응용되고 있습니다. 물론 스트레스 관리를 위해 노래방을 찾거나 춤을 추고 운동하는 아이들도 있습니다. 하지만 지속적인 감정 조절 및 스트레스 관리를 위해 꾸준히 매일 언제 어디서나 실천할 수 있는 것은 '글쓰기'가 유일합니다.

인공지능 도구는 보조적인 역할을 할 수는 있지만, 유일무이한 역할을 해낼 수는 없습니다.

글쓰기야말로 요즘 아이들에게 있어 자신의 감정과 생각을 깊이 들여다보고 정리하면서 자기 이해의 길로 이르게 하는 필수적인 매개임을 잊지 말아야 합니다. 아이들이 꾸준한 글쓰기를 통해 인공지능이 할 수 없는 '자기표현'과 '자기 성장'을 이룰 수 있도록 부모님들의 절대적인 노력이 필요합니다.

5 초등 5-6학년, 후기 문해력 발달 단계

문해력 완성기,
아이의 평생 문해력 꽃 피우기

철학적 질문을 해야 하는 이유

"요즘 아이들 책의 주제가 너무 철학적이고 어두워요! 이런
주제나 소재까지 아이들에게 읽혀야 할까요?"

초등 학부모들을 대상으로 한 그림책 문해력 특강 시간에 나온
질문이다. 최근 그림책의 주제가 매우 다양해지고 있다. 단순히
아이들의 책으로만 여겼는데 들여다보면 볼수록 내용이 심오하
고 철학적이다. 삶과 죽음의 문제뿐만 아니라 지구의 환경, 세계

인권, 혐오, 소수자들의 이야기, 동물, 식물에 관한 문제 등 주제의 폭이 점점 넓어지고 있다. 이런 이슈들 중에는 활기찬 이야기도 있지만 반대로 아이들 눈에 잘 보이지 않는 세계의 것들도 많다. 부모들은 당황한다. 아이들이 이렇게 깊은 내용까지 이해할 수 있을지 혹은 아직 어린데 세상의 수많은 면면에 대해 벌써부터 알게 해도 될지 말이다. 그림책뿐만 아니다. 초등학교용 동화나 청소년 소설에서도 이런 경향은 짙게 나타난다. 한번은 교사 특강에서 가까운 미래를 배경으로, 자녀가 부모를 선택할 수 있다는 독특한 내용을 담은 이희영 작가의 소설 《페인트》(이희영, 창비, 2019)를 소개했다. 소재가 주는 신선함과 누구나 인생에서 한 번쯤 생각해 봤을 법한 삶의 질문에 대해 제대로 다룬 작가의 상상력과 창의력에 매료되어 열변을 토하고 있었는데, 막상 선생님들의 반응은 좋지 않았다. 이유를 물어보니 '부모를 선택할 수 있다'는 소재는 독특하지만 교육 현장에서 글감으로 쓰기에 적절한 것인지 의문이 든다는 것이었다.

세상이 변했다. 지식과 정보는 쉽게 얻을 수 있다. 인터넷 검색창만 통해도 금방 지구 반대편의 현재 기온이나 일어나고 있는 이슈들을 시시각각 그대로 알 수 있는 시대다. 이는 더 이상 책의 기능이 지식과 정보 전달의 수준에 그쳐서는 안되는 이유다. 문해력은 단순히 읽고 쓰는 능력이 아니다. 상황과 맥락을 이해하는 능력이다. 문해력 발달 단계 성취 기준표 체크리스트에서의 첫 번째 질문은 매번 '상황과 맥락을 이해했는가?'이다. 상황과 맥락을 이해하기 위해서는 타인의 입장에서 '공감하는 능력'을 키워야 한다.

"아! 저 사람은 왜 저런 행동을 했을까?"
"저렇게 행동한 이유는 무엇일까?

문해력 교육은 읽고 쓰는 단순한 능력을 신장시키는 것이 아닌, 타인의 말과 글에 공감하는 능력으로 이행될 때 진짜 '문해력'으로 완성된다. 이를 위해서는 타인의 입장에서 세상을 바라보고 질문을 던질 수 있는 힘을 키워야 한다. 이를 위해 가장 필요한 것은 감수성 교육이다.

'감수성感受性'은 외부의 자극이나 인상을 수용하고 감상하는 능력을 말한다. 어떤 대상을 보고 느끼거나 어떤 상황에 대하여 느끼는 정서적 반응을 포함하기도 한다. 감수성을 통해 아이들은 나와 다른 타인의 다양한 삶을 이해하게 되고, 이를 포용하는 과정에서 세상을 살아가는 방법을 익히게 된다. 그러니 다양한 삶의 질문들, 특히 철학적인 주제를 담고 있는 책에 대해 두려워하지 말자. 아이들이 다양한 문제를 통해 좀 더 성숙해지고 성장할 수 있는 계기가 될 것이다.

읽기 이제는 깊이 읽기다

다양한 철학적 질문들을 도출하고 이에 대한 생각을 펼치기 위해서는 무엇보다 다양한 읽기 방법을 익히는 것이 중요하다. 초등 1-2학년 초기 문해력 발달 단계에서 읽기의 기초를 쌓았다면, 초등 3-4학년 중기 문해력 발달 단계에서는 '지속적 묵독'을 통해 독서를 습관으로 만든다. 이후 초등 5-6학년 후기 문해력 발달 단계에서는 보다 적극적이고 능동적이며 자기 주도적인 독서를 해야 한다. 이를 위해 다양한 독서법을 익히는 것이 좋다. 이때 문해력 후원자인 부모나 교사는 아이들이 상황과 맥락에 맞게 여러 독서법을 활용할 수 있도록 안내해주어야 한다.

　우선 널리 알려진 독서법 중에서 '능동적 읽기'를 소개한다. 능동적 읽기는 교육심리학 박사인 프랜시스 P. 로빈슨Fransis P. Robinson이 만든 방법으로, ①훑어보기Survey → ②질문하기 Question → ③읽기Reading → ④확인하기Recite → ⑤재검토하기 Review 순으로 진행된다. 각 단계의 첫 글자를 따서 'SQ3R'로 불리는 능동적 읽기는, 실제 학습 현장에서 많이 응용되어 누구나 잘 알고 있는 방법이다. 능동적 읽기는 다양한 독서법의 기본이 되는 방법이기에 잘 숙지한 후 여러 가지 방식으로 응용한다면 다양한 장르의 책과 콘텐츠를 읽기에 매우 유용할 것이다.

능동적 독서의 첫 번째 순서는 훑어보기다. 훑어보기는 본문의 내용을 읽기 전에 책의 제목이나 목차, 그림, 표 등을 빠르게 훑으며 보는 것이다. '제목'과 '목차', 책의 다양한 구성요소 등을 통해 해당 내용을 유추하는 단계다. 특히 그림책 읽기에서 이 방법은 책에 대한 호기심이 아직 많지 않은 유아나 초등 저학년들에게 자주 응용되는 방법이기도 하다. 하지만 고학년이 되면 이 과정을 생략하는 경우가 흔하다. 제목만 대충 보고 책을 골라 읽다가 이내 재미가 없거나 흥미가 떨어지면 책을 안 읽는 경우가 많기 때문이다. 고학년일수록 훑어보기 과정을 잘 쌓아나가며 책에 대한 흥미와 호기심을 높이고 그렇게 잘 선정한 책을 끝까지 완독할 수 있도록 이끄는 것도 읽기를 지속적으로 하게 하는 힘이다. 훑어보기 과정은 아이가 해당 책이 담고 있는 주제어와 개념어가 무엇인지 살펴보고 추출할 수 있도록 부모나 교사가 도와주어야 한다.

능동적 읽기를 시작할 때 부모나 교사는 직접 시범을 보여서 아이에게 알려주는 것이 좋다. 우선 '책 제목 읽기' → '책 겉표지에 있는 다양한 문구들 집중해서 읽어보기' → '책 뒷 표지에 적힌 문구들 읽기' → '책의 목차 꼼꼼하게 살펴보기' → '책 속 삽화나 그림, 표 등 살펴보기' 순으로 하면 좋다. 이후 책에서 말하고자 하는 주제어나 개념어를 추출하고 이를 중심으로 본문의 내용을 예측할 수 있도록 질문을 통해서 대화를 이어간다.

엄마 영미야! 이 책의 제목은 '악플 전쟁'이네. 책 표지에 있는 문구나 목차, 책 속의 그림을 보니 책에서 말하고자 하는 주제나 소재는 어떤 것 같아?

영미 '악플' 때문에 친구들끼리 어떤 일이 벌어진 것 같은데? 요즘 '악플'에 대한 뉴스도 많이 나오던데 재미있을 것 같아!

그리고 학교에서도 얼마 전에 '악플'에 대한 수업을 한 적이 있어! 마침 궁금한 게 많았는데 재미있게 읽을 수 있겠어.

훑어보기 단계에서 이런 대화를 나누다 보면 아이들은 책에 대한 관심과 주제, 소재에 대한 흥미가 생길 뿐만 아니라 주제어나 개념어를 염두에 두면서 읽을 수 있기 때문에 책을 더 적극적으로 읽게 된다. 두 번째 단계는 질문하기다. 질문하기에서는 앞의 훑어보기 단계에서 얻은 정보를 토대로 질문을 만든다. 훑어보기 단계에서 추출한 주제나 소재, 개념을 중심으로 문제가 무엇이고, 그것을 어떻게 파악해야 하는지 질문을 만들어보는 것이다. 이때 역시 아이와 대화를 통해 질문을 만드는 과정을 보여주면 좋다. 더불어 질문을 만드는 과정에서 아이들은 책에서 어떤 내용을 중점적으로 읽어야 할지 파악하게 되고, 이는 적극적이고 능동적인 읽기의 토대가 된다.

엄마 영미야! 그럼 제목과 목차, 본문의 그림을 보면서 궁금한 것은 뭐야?

영미 엄마! 난 악플은 도대체 왜 다는지 그 마음이 궁금하고, 나에 대한 악플을 보면 어떤 마음이 들지 궁금해. 그리고 악플이 달렸다면 어떻게 대처해야 할지도 궁금하고.

엄마 좋아! 그럼 그 질문들을 잘 기억하며 내용을 읽어볼까?

《악플 전쟁》 훑어보기 후 만든 질문들

1. 악플은 왜 다는 걸까?
2. 나에 대한 악플을 보았을 때 어떤 마음이 들까?
3. 만약 나에 대한 악플을 보았다면 어떻게 해야 할까?

여기서의 핵심은 질문이다. 결국 우리가 독서를 하는 궁극적인 이유는 인생에서 만나는 여러 가지 질문에 대한 답을 스스로 찾고자 함이다. 이때 질문의 범위는 인생에 대한 깊이 있는 질문부터 단순한 지식과 정보를 해결하기 위한 질문까지 다양하다. 아이들이 책을 읽을 때 그저 내용을 따라가기만 한다면 좋은 독서가 되기 어렵다. 이렇게 미리 예측한 질문을 통해 그것을 적극적

으로 해결해 나가는 과정으로써 읽기를 병행한다면 독서의 효과
는 더욱 클 것이다.

훑어보기와 질문하기를 마쳤다면 본격적인 본문 읽기 단계
에 돌입한다. 앞에서 책의 내용 중 궁금한 것들을 질문 형태로 뽑
아두었기 때문에 읽기 단계에서 아이들은 그 질문들을 염두에 두
고 책을 읽게 되고, 질문의 답을 찾기 위해 더 적극적이고 능동적
으로 읽게 된다.

읽기가 끝난 아이들에게 앞서 질문하기 단계에서 했던 질문
들에 답을 쓰게 하며 확인하는 과정을 거친다. 이때 책 속의 내용
만으로 질문에 대한 답을 찾기 어렵다면 관련 자료를 찾아서 보
충하는 것도 하나의 방법이다. 능동적 읽기는 아이의 상황과 텍
스트의 종류에 따라 기본 틀은 유지하되 얼마든지 변용이 가능하
다. 이때 만든 질문에 대한 답을 써보거나 말로 해보는 것이 좋다.

1차 완독이 끝나고 책에서 잘 이해되지 않았던 부분을 다시
한번 읽거나, 질문한 내용과 답이 적절한지 스스로 체크해 보는 과
정이다. 다음 페이지의 표는 능동적 읽기의 내용을 정리한 것이다.

절차	활동
훑어보기(Survey)	1. 제목 중심으로 훑어보기 2. 주제어 중심으로 훑어보기 3. 텍스트의 핵심 내용으로 예측하며 훑어보기
질문하기(Question)	1. 주어진 문제가 무엇인지 파악하기 2. 읽기의 목적과 의도를 분명히 하여 질문 만들기
읽기(Reading)	1. 텍스트의 각 부분의 의미를 연결하며 읽기 2. 텍스트의 전체 내용을 파악하며 읽기
확인하기(Recite)	1. 중요한 내용을 자신의 말로 표현해 보기 2. 독자의 의도와 목적에 따라 텍스트 내용 파악하기
재검토하기 (Review)	1. 잘 이해되지 않는 부분은 다시 읽기 2. 자신이 이해한 내용이 적절한지 평가하며 다시 읽기

능동적 읽기를 할 때 좀 더 적극적인 독서를 위해, 중요한 부분이나 꼭 기억해야 할 부분, 혹은 잘 이해되지 않는 부분에는 밑줄을 그으며 독서하는 것을 권장한다. 지식과 정보 습득을 위한 독서에서는 새로 알게 된 사실에 대한 밑줄 긋기를 하고, 감상을 목적으로 하는 독서에서는 인상적인 문장에 밑줄을 긋게 한다. 글의 종류와 읽는 목적에 따라 적절하게 밑줄 긋기를 활용하면 이후 책의 내용 정리 및 해석에도 많은 도움이 될 수 있다.

* 밑줄 그으며 읽기 *

① 훑어보기(Survey) → ② 읽기(Reading) → ③ 밑줄 긋기(Underline) →
④ 정리하기(Notes)

또한 초등 5-6학년 후기 문해력 발달 단계에서는 다양한 장르의
글을 읽게 된다. 이때 적절하게 글의 종류에 따라 읽는 방법을 익
히는 것도 독서를 지속적으로 즐겁게 하는 방법 중 하나다. 예를
들어 설명하는 글이나 주장하는 글의 경우, 전체적으로 책의 내
용과 목차, 중요 주제나 소재를 훑어보고, 미리 내용을 예측한 후
읽기에 돌입한다. 더불어 읽는 과정에서 중요 내용이나 논점을
찾아 밑줄을 긋게 하는 것이 좋다.

　아이들의 경우 어떤 부분에 밑줄을 그어야 할지 헷갈리는
경우가 많다. 감상을 목적으로 하는 문학 작품을 읽을 때는 인상
적인 부분에 밑줄을 그었다면, 설명하는 글이나 주장하는 글의
경우에는 중요 내용 혹은 주장하는 쟁점에 대한 부분에 정확하게
밑줄을 긋는 연습을 시키는 것이 좋다. 밑줄 긋는 연습을 명확하
게 해야 나중에 설명하는 글이나 주장하는 글을 읽고 내용을 정
리하거나 요약하기가 쉽다. 밑줄을 긋지 않게 되면 읽었던 내용

을 또 읽게 되는 경우가 자주 발생한다. 이 과정에서 아이들은 독서가 지루하고 따분하다고 느낄 수도 있다. 그래서 주장하는 글이나 설명하는 글을 읽기 전에는 반드시 '밑줄 그으며 읽기'를 아이에게 정확하게 알려주고 시작하는 것이 좋다. 글의 종류별로 어떤 부분에 밑줄을 그을지 설명해주고 엄마나 교사가 직접 시범을 보이면서 함께해 보는 것이 좋다.

특히 주장하는 글의 경우에는 필자가 주장하는 쟁점과 그 근거가 되는 부분에 밑줄을 긋고, 밑줄 그은 부분을 바탕으로 짧게 요약하는 연습을 할 수 있도록 도와준다. 요약 후 자신의 생각을 덧붙이는 것도 스스로 추론하는 방법을 익히는 데 도움이 된다. 설명하는 글의 경우에는, 중요 설명 내용에 밑줄을 긋게 하고, 그 부분들을 바탕으로 내용을 짧게 요약하는 연습을 한다.

밑줄을 그은 후에는 요약한 내용을 바탕으로 그것이 정확한지, 정말 그러한 내용인지 스스로 점검해 보고 의심해 보는 비판적 읽기를 병행하는 것이 좋다. 이때 같거나 비슷한 주제의 설명, 주장하는 바를 다룬 다양한 자료들을 함께 읽어나갈 수 있도록 한다.

초등 3-4학년인 중기 문해력 발달 단계에서 다양한 장르의 글을 읽는 방법을 익혔다면, 초등 5-6학년 후기 문해력 발달 단계에서는 다양한 장르의 글을 직접 써보는 훈련을 한다. 글을 쓴다는 것은 머릿속에 떠도는 '눈에 보이지 않는' 자신의 생각을 '눈에 보이는' 글로 옮겨놓는 것을 말한다. '눈에 보이지 않는' 것을 '눈에 보이는' 것으로 만드는 과정이기에 당연히 어렵다. 더불어 글쓰기는 단순한 의사소통 수단을 넘어서 사고력, 표현력, 창의력을 키우는 중요한 교육적 도구이다.

초등 아이들이 가장 많이 접하는 글쓰기는 크게 세 가지로 나눌 수 있다. 주장하는 글쓰기, 설명하는 글쓰기, 자기표현적인 글쓰기다. 여러 장르의 글쓰기를 배우는 것은 전인적 발달을 촉진하고, 학업 성취도를 높이며, 사회적 상호작용 능력을 향상시키는 데 큰 도움이 된다.

주장하는 글쓰기의 경우 자신의 의견이나 주장을 논리적으로 펼치고, 이를 뒷받침하는 증거와 예시를 통해 설득력 있게 전달하는 글이다. 초등 아이들은 주장하는 글쓰기를 통해 논리적 사고력를 배우고, 자신의 생각을 체계적으로 정리하는 방법을 익히게 된다. 논리적 사고력은 문제 해결 능력과도 직결되기 때문에 수학, 과학 등 다양한 학문 분야에서도 중요한 역할을 한다.

또한 비판적 사고 능력 개발에도 영향을 미친다. 주장하는 글을 쓰는 과정에서 아이들은 자신의 주장에 대한 비판적인 시각을 갖게 된다. 앞선 초등 3-4학년 중기 문해력 발달 단계에서 익힌 사실과 의견 구분하기를 활용하여 자신의 주장과 상대방의 주장을 분석했다면, 주장하는 글을 쓰는 과정에서는 그에 대한 반박 논리를 펼치는 기술을 배우게 되는 것이다. 이때 자신의 생각을 글로 표현하고 이를 다른 사람들에게 설득력 있게 전달하는 경험은 아이들의 자신감을 북돋아줄 것이다. 그리고 이는 이후에도 발표나 토론, 면접 등 다양한 상황에서 중요한 자산이 되어줄 것이다. 주장하는 글을 쓰면서 아이들은 명확하고 효과적인 의사소통 방법을 깨우치게 된다. 명확한 의사소통 능력은 학교생활뿐만 아니라 일상생활에 있어서도 중요한 역할을 한다.

설명하는 글쓰기는 특정 주제나 개념을 명확하고 체계적으로 설명하는 글이다. 이러한 글쓰기는 아이들이 자신이 알고 있는 정보를 체계적으로 정리하는 법을 익히게 하고, 다른 사람들에게 쉽게 전달하는 방법을 배우게 한다. 정보를 체계적으로 조직하고, 중요한 내용과 부차적인 내용을 구분하는 능력을 배우게 하여 학습이나 기타 중요한 정보를 효율적으로 정리하고 이해하는 데 도움이 된다. 또한 설명하는 글쓰기는 다양한 자료를 읽고, 이를 이해하며, 자신의 언어로 재구성하는 과정을 거쳐야 하기 때문에 아이들의 독해력을 크게 향상시킨다. 마지막으로 객관적인 정보를 바탕으로 작성해야 하기에 아이들이 객관적으로 사물을 보는 능력을 기를 수 있도록 도와주고, 다양한 상황에서 올바른 판단을 내리는 데 중요한 역할을 한다.

자기표현적인 글쓰기는 자신의 생각, 감정, 경험 등을 자유롭게 표현하는 글이다. 일기나 수필(에세이), 여행기 등 다양한 형식으로 자신의 감정을 글로 표현하고, 스트레스를 해소하면서 자기를 이해하는 데 좋은 영향을 미친다. 특히 일정한 형식이 없는 글쓰기여서 아이들의 창의력을 신장하는 데 도움이 된다.

더불어 자기표현적인 글을 쓰는 과정에서 아이들은 스스로를 돌아보고, 자신의 생각과 감정을 깊이 있게 탐구하게 된다. 이때 자기 이해와 자기 수용이 이루어져서 보다 성숙한 인격을 갖추는 데 도움이 된다. 또한 자기표현적인 글을 타인과 공유하며 아이들은 사회적 상호작용 능력을 키우고, 공감과 이해를 바탕으로 한 건강한 대인관계를 형성하게 된다.

* 가정이나 학교에서 할 수 있는 다양한 장르의 글쓰기 *

1. 주장하는 글쓰기 사례: 우리가 지킬 수 있는 환경 보호 프로젝트에 대해 주장하는 글을 써서 발표한 후, 교내 환경 캠페인으로 이어서 진행해 보기.

→ 이를 통해 아이들은 자신이 쓴 글이 실제로 변화를 이끌어낼 수 있다는 것을 경험하게 된다.

2. 설명하는 글쓰기 사례: 학교에서 배운 복잡한 주제에 대해 설명하는 글을 써보고, 가족들 앞에서 발표하기. (예: 과학 수업 때 배운 태양계에 대해 설명하는 글을 써서 부모님께 설명해 보기)

→ 이를 통해 아이들은 자신이 배운 지식을 다른 사람들에게 전달하는 기쁨을 느낄 수 있고, 어떻게 하면 더 효과적으로 전달할 수 있는지 고민하는 과정에서 설명하는 방법을 익히게 된다.

3. 자기표현적인 글쓰기 사례: 학급 친구들끼리 교환일기 쓰기 혹

은 가족일기 쓰기.

→ 이를 통해 자신의 생각과 감정을 정리하고 친구, 부모님이나 선생님과의 대화를 통해 문제를 해결하게 되면, 아이들은 자기표현적인 글이 가져다주는 긍정적인 영향을 느끼게 되어 자기 감정 해소 및 글쓰기에 대한 효능감을 느끼게 된다.

결국 글쓰기는 여러 방식의 독서를 통해서 얻은 생각과 일상에서 얻은 경험들을 자신만의 방법으로 구체화하고 이를 글로 옮기는 작업이다. 자신의 생각을 글로 표현하고 이를 타인에게 전달하는 과정에서 아이들은 자기표현력뿐만 아니라 타인과 소통하는 방법을 배우고 익히게 된다.

아래 표의 내용을 하나씩 수행해 나가면서 '미션 클리어'에 도전해 보세요!

참 잘했어요

	1	2	3	4	5
읽기	200쪽 이상의 책 꾸준히 읽기	'SQ3R' 방법으로 질문하며 독서하기	밑줄 그으며 읽기	해석적 읽기 후 글의 요지 정리하기	비판적 읽기 후 정말 그러한지 생각해 보기
쓰기	가장 좋아하는 음식 3가지를 그 이유를 들어서 설명하는 글 써보기	가족들에게 주장하고 싶은 주제를 하나 정하고, 그에 대한 근거 3가지를 정해서 주장하는 글 써보기	가족들과 교환 일기 써보기	학급 친구들과 단체 일기 써보기	책을 읽고 질문 한 가지를 뽑아 그에 대한 자신의 생각을 써보기
듣기/말하기	주말에 있었던 일을 가족 앞에서 3분 스피치 하기	친구들에게 하고 싶은 말을 정해서 3분 동안 스피치하기	자신이 쓴 '설명하는 글'을 친구나 가족들 앞에서 발표하기	자신이 쓴 '주장하는 글'을 친구나 가족들 앞에서 발표하기	자신이 쓴 '자기표현적인 글'을 친구나 가족들 앞에서 발표하기

책 제목	악플 전쟁	지은이	글 이규희, 그림 한수진
출판사	별숲	발행연도	2022(개정)

줄거리 질투심에 사로잡혀 인터넷상에 거짓 글을 쓰는 '흑설공주' 미라와, 전학을 오자마자 악플로 괴롭힘을 당하는 서영이, 그리고 이 모든 사실을 알고 있으면서도 방관하는 왕따 민주. 세 아이를 중심으로 학교에서 벌어지는 '악플 전쟁'에 관한 이야기를 다룬 동화다. 2022년 개정판은 시대의 변화에 따라 바뀐 성평등 의식 및 맞춤법에 맞게 내용이 다듬어졌다.

1. 《악플 전쟁》에서 가장 인상적인 장면은 무엇인가?

2. 주인공 미라는 전학 온 서영이에 관한 확인되지 않은 이야기를 인터넷에 올렸다. 왜 그랬을까?

2-1. 만약 서영이의 경우처럼 나에 대해 잘 알지 못하는 친구가 나와 관련된 잘못된 글을 쓴다면 나는 어떤 기분이 들까?

2-2. 만약 나도 서영이와 비슷한 상황에 처한다면 나는 어떻게 이 문제를 해결하겠는가? 구체적으로 적어보자.

---

3. 《악플 전쟁》을 읽고 들었던 생각을 3가지 적어보자.

①

②

③

4. 《악플 전쟁》을 읽고 '악플'에 대해 자신만의 정의를 내려본다면 무엇이고, 그렇게 생각하는 이유를 적어보자.

악플이란 ⎯⎯⎯⎯⎯⎯⎯⎯⎯⎯⎯⎯⎯⎯⎯⎯⎯ 이다.

왜냐하면 ⎯⎯⎯⎯⎯⎯⎯⎯⎯⎯⎯⎯⎯ 이기 때문이다.

5. 이 책을 읽고 악플이 나쁜 이유에 대한 3가지 근거를 생각해 보고, 이를 주장하는 글을 써보자.

* '악플'이 나쁜 이유 3가지

①

②

③

제목 악플은 정말 싫어요!　　　　　　**장르** 주장하는 글쓰기

_____

_____

_____

_____

_____

_____

6. 《악플 전쟁》을 재미있게 읽었나요? 별점을 남겨봅시다.

☆　☆　☆　☆　☆

책 제목   페인트   **지은이**   이희영

출판사   창비   **발행연도**   2019

줄거리   만약 당신이 "부모를 선택할 수 있다면 어떻게 하시겠습니까?"
가까운 미래, 국가에서 센터를 설립해 아이를 키워주는 '양육공동체'가
실현된다. 부모가 없는 영유아와 청소년들을 정부에서 '국가의 아이들'
로 키우고, 청소년이 되면 직접 면접을 통해 아이가 부모를 선택할 수
있는 상황이 펼쳐진다. 주인공 제누는 국가에서 설립한 NC센터에서 성
장한 아이다. 어느덧 17살이 된 제누는 부모를 선택할 수 있는 권리를
부여받게 된다. 아이를 입양하면 국가로부터 각종 혜택을 받게 되는 것
때문에 마음에도 없는 입양 절차를 밟는 예비 부모들을 보며 제누는 여
러 가지 생각이 교차하게 된다. 과연 제누는 어떤 부모를 만나게 될까?

1. 《페인트》는 가까운 미래 사회의 이야기를 다룬 소설이다. 이 소설에서

가장 인상적인 부분은 무엇인가?

---

2. 만약 소설 속의 이야기처럼 선택할 수 있다면, 나는 어떤 부모님을 만

나고 싶은가? (3가지 기준을 들어주세요.)

1. _____

2. _____

3. _____

* 선택을 할 때 '기준'의 필요성을 설명해주세요!

* '나의 부모님은 이런 분이면 좋겠다!'라는 주제로 짧은 글쓰기를 해보자.

---

3. 부모님처럼 내가 선택할 수 없는 것들은 무엇이 있을까? 3가지 예를 들어 설명해 보자.

* 내가 선택할 수 없는 것들 3가지

　①

　②

　③

4. 《페인트》를 읽고 생각해 봐야 할 문제 3가지를 적어보자.

　①

　②

　③

5. 4번의 답 중 하나를 선택해서 나만의 생각을 적어보자.

(이때 그렇게 생각하는 이유나 근거를 3가지 들어서 설명하거나 주장해 보기)

6. 《페인트》를 재미있게 읽었나요? 별점을 남겨봅시다.

* 초등 5-6학년, 후기 문해력 발달 단계 〈국어 교과 성취 기준〉 체크리스트 *

듣기/말하기

범주		내용 요소	상	중	하
지식 · 이해	듣기/말하기 맥락	상황 맥락과 사회문화적 맥락을 이해하며 듣고 말하는가?			
	담화 유형	대화, 면담, 발표, 토의, 토론 상황에서 담화 유형에 따라 듣고 말할 수 있는가?			
과정 · 기능	내용 확인/ 추론/평가	생략된 내용을 추론할 수 있는가?			
		주장과 이유, 근거가 타당한지 평가할 수 있는가?			
	내용 생성/ 조직/ 표현과 전달	청자와 매체를 고려할 수 있는가?			
		자료를 선별할 수 있는가?			
		핵심 정보 중심으로 내용을 구성할 수 있는가?			
		주장, 이유, 근거로 내용을 구성할 수 있는가?			
		매체를 활용하여 전달할 수 있는가?			
	상호작용	궁금한 내용을 질문할 수 있는가?			
		절차와 규칙을 준수할 수 있는가?			
		협력적으로 참여하는가?			
		의견을 비교하고 조정할 수 있는가?			
	점검과 조정	듣기/말하기 과정과 전략에 대해 점검하고 조정할 수 있는가?			
가치 · 태도		듣기/말하기에 대해 적극적으로 참여하는가?			

아이(학생)의 듣기/말하기 영역에 대한 부모(교사)의 생각 쓰기

(* 좀 더 보강해야 할 부분과 강화해야 할 부분을 중심으로 피드백하기)

읽기

범주		내용 요소	상	중	하
지식·이해	읽기 맥락	상황과 사회문화적 맥락을 고려할 수 있는가?			
	글의 유형	일상적 화제나 사회문화적 화제의 글을 읽을 수 있는가?			
		다양한 설명 방법으로 주제를 제시하는 글을 읽어낼 수 있는가?			
		주장이 명시적이고 다양한 이유와 근거가 제시된 글을 읽고 이해하는가?			
		생각이나 감정이 함축적으로 제시된 글을 읽고 이해할 수 있는가?			
과정·기능	내용 확인과 추론	글의 구조를 파악할 수 있는가?			
		글의 주장이나 주제를 파악할 수 있는가?			
		글의 구조를 고려하며 내용을 요약할 수 있는가?			
		생략된 내용과 함축된 의미를 추론할 수 있는가?			

범주		내용 요소	상	중	하
과정 · 기능	평가와 창의	글이나 자료의 내용과 표현을 평가할 수 있는가?			
		다양한 글이나 자료 읽기를 통해 문제를 해결할 수 있는가?			
	점검과 조정	읽기 과정과 전략에 대해 점검하고 조정할 수 있는가?			
가치 · 태도		긍정적인 읽기 동기가 있는가?			
		읽기에 적극적으로 참여하는가?			

아이(학생)의 읽기 영역에 대한 부모(교사)의 생각 쓰기

(* 좀 더 보강해야 할 부분과 강화해야 할 부분을 중심으로 피드백하기)

쓰기

범주		내용 요소	상	중	하
지식 · 이해	쓰기 맥락	쓰기의 상황적 맥락이나 사회문화적 맥락을 이해할 수 있는가?			
	글의 유형	대상의 특성이 나타나도록 설명하는 글을 쓸 수 있는가?			
		적절한 근거를 들어 주장하는 글을 쓸 수 있는가?			
		체험에 대한 감상을 나타내는 글을 쓸 수 있는가?			
과정 · 기능	계획하기	독자와 매체를 고려할 수 있는가?			
	내용 생성하기	독자와 매체를 고려하여 내용을 만들 수 있는가?			
	내용 조직하기	통일성을 고려하여 내용을 조직할 수 있는가?			
	표현하기	독자를 고려하여 표현할 수 있는가?			
	고쳐쓰기	글 수준에서 고쳐쓰기를 할 수 있는가?			
	공유하기	쓴 글을 함께 읽고 반응할 수 있는가?			
	점검과 조정	쓰기 과정과 전략에 대해 점검하고 조정할 수 있는가?			
가치 · 태도		쓰기에 대한 효능감이 있는가?			

아이(학생)의 쓰기 영역에 대한 부모(교사)의 생각 쓰기

(* 좀 더 보강해야 할 부분과 강화해야 할 부분을 중심으로 피드백하기)

범주		내용 요소	상	중	하
지식·이해	갈래	시, 소설, 극, 수필의 갈래를 이해하는가?			
	맥락	독자의 맥락과 작가의 맥락을 이해하는가?			
과정·기능	작품 읽기와 이해	작가의 의도를 생각하며 읽을 수 있는가?			
		갈래의 기본적인 특성을 이해하는가?			
	해석과 감상	인물, 사건, 배경을 파악할 수 있는가?			
		비유적 표현에 유의하여 감상할 수 있는가?			
	비평	인상적인 부분을 중심으로 작품에 대해 의견을 나눌 수 있는가?			
	창작	갈래의 특성에 따라 표현할 수 있는가?			
가치·태도		문학을 통해 자아성찰 및 타인과 소통하는 즐거움을 경험했는가?			

아이(학생)의 문학 영역에 대한 부모(교사)의 생각 쓰기

(* 좀 더 보강해야 할 부분과 강화해야 할 부분을 중심으로 피드백하기)

문해력 상담소 [어떻게 해야 할까요?]

초등 5-6학년, 후기 문해력 발달 단계 Q&A

사례 ① 아이가 유튜브를 너무 많이 봐서 걱정이에요!

> 아이가 유튜브 영상을 많이 봅니다.
>
> 한번 보면 알고리즘을 따라 계속 보네요.
>
> 아이는 유튜브를 통해 좋은 지식을
>
> 많이 얻고 있다고 합니다.
>
> 실제로 제가 쓰지 않는 단어들을 구사하는 것을
>
> 보고 놀랄 때도 많습니다.
>
> 하지만 부정적인 면도 많습니다.
>
> 비속어나 아이가 봐서는 안 되는 영상들에
>
> 쉽게 노출될 위험도 있기 때문인데요.
>
> 아이 스스로 유튜브 영상을 절제하면서
>
> 보게 할 수 있는 방법은 없을까요?
>
> - 초 5 영미맘

요즘 아이들 정말 똑똑하지요. 말하는 것을 들어보면 웬만한 어른 못지않습니다. 어디서 그런 말을 배웠는지 물어보면 유튜브에서 봤다고 합니다. 얼마 전 지인에게 호박을 몇 개 선물 받았는데 이걸로 뭘 해먹을까 생각하다가 저도 모르게 유튜브에 '애호박 요리'라고 검색을 했더니 순식간에 10여 가지 애호박 요리 소개 영상이 나오더라고요. 정말 깜짝 놀랐습니다. 10분도 채 되지 않는 영상 속에 내가 원하는 정보가 있으니 아이들이 유튜브 영상을 자주 보는 이유를 알 것 같았습니다. 하지만 유튜브 영상은 말씀하신 것처럼 폐해도 만만치 않습니다. 알고리즘을 따라 이런저런 동영상을 보다 보면, 어느 새 물건 구매를 유도하거나 관련 없는 자극적인 영상에 노출되기 쉽습니다. 무엇보다 아이들에게 유해한 콘텐츠들이 너무 많습니다.

아이가 유튜브 영상을 시청할 때에는 반드시 부모님이나 교사, 어른이 있는 상황에서 볼 것을 약속해야 합니다. 더불어 새로운 추천 영상이 나왔을 때 어른들에게 꼭 미리 보여주도록 해서 위험한 콘텐츠에 아이가 노출되지 않도록 주의하는 것이 좋습니다. 또한 아이 전용 유튜브 영상 시청노트를 따로 마련해서 유튜브 시청평을 남기는 것을 습관화하도록 해야 합니다. 영상 시청평을 남길 때는 영화처럼 1~10점까지 점수를 매기고, 그 같은 점수를 준 이유를 직접 쓰게 하면서 영상이 나에게 이로움을 주는 콘텐츠인지 스스로 점검할 수 있도록 합니다. 이렇게 영상에 대한 시청평을 지속적으로 남기다 보면, 아이는 스스로 자신에게 도움이 되는 콘텐츠를 보는 '안목'이 생길 것입니다. 시청평은 영상 내용 중 '나에게 도움이 된 것 3가지 쓰기'와 같이 간단한 형식으로 하는 것이 좋습니다.

아이가 영상이나 미디어에 노출되는 시기는 최대한 늦을수록 좋습니다. 이는 여러 연구자나 소아청소년 전문의들이 앞다투어 말하는 부분입니다. 영상에 빨리 노출될수록 주의력이나 집중력이 흐려지고 산만한 모습을 자주 보이게 됩니다. 그러니 평소 부모님 역시 아이와 함께 계실 때는 가급적 미디어 시청을 자제하는 모습을 보여주는 것이 좋습니다. 아이는 부모의 등을 보고 자란다는 말이 있습니다. 아이의 모든 행동이 부모의 행동에서 비롯되는 것은 아닙니다. 하지만 부모가 가정 내에서 하는 말과 행동이 아이의 뿌리가 되는 것은 자명한 사실입니다. 특히 미디어나 영상 노출은 부모 스스로 절제하는 모습을 보여주고, 영상과 미디어를 시청할 때는 온 가족이 함께 모여서 보는 습관을 형성한다면, 아이는 미디어의 긍정적인 효과를 충분히 누릴 수 있게 될 것입니다. 다미디어 시대입니다. 무조건적인 '통제'가 아닌 '긍정적인 절제'를 통해 미디어가 갖는 좋은 요소들을 함양하는 것도 이 시대에 좋은 콘텐츠를 접하는 지혜로운 방법이 아닐까 합니다.

사례 ② 글쓰기 시작을 어려워하는데 어떻게 도와주죠?

> 아이가 글쓰기를 싫어하는 것 같지는 않은데
> '시작'하는 데 너무 오래 걸립니다.
> 옆에서 보고 있다가 저도 지쳐서
> 그만 포기하는 경우도 많고요.
> 글쓰기의 시작이 어려운 아이들,
> 쉽게 시작하게 하는 방법은 없을까요?
> - 초 6 초롱맘

글쓰기의 시작이 어려운 아이들이 있습니다. 그런데 이런 현상은 어른들도 마찬가지입니다. 무언가 쓰려고 하면 근사하게 써야 할 것만 같고, 멋들어지게 써야 할 것만 같아서 잔뜩 힘을 주다 보니 시작조차 못하는 경우가 많습니다. 글쓰기를 시작하는 것에 어려움을 겪고 있는 아이들은 집에서 다음의 세 가지 방법을 잘 연습시켜주는 것이 좋습니다.

첫 번째, '글쓰기는 영감이다'라는 말을 자주 듣곤 합니다. 하지만 제 생각은 다릅니다. 글쓰기는 '영감'이 아니라 평소에 얼마나 많이 내 생각을 기록하고 메모했느냐의 차이입니다. 아이와 함께 매일 조금씩 자신의 생각을 글로 메모하는 시간을 정해 보세요. 하루 10분 정도면 적당합니다. 매일 그날 본 것, 들은 것, 느낀 것, 생각한 것들을 잠시 멈춰서 생각하고 쓰게 되면 내 생각이 어떻게 글로 구체화되는지 알게 됩니다. 이때 길게 쓸 필요는 없습니다. 딱 3문장 쓰기로 시작해 보고, 이후 문장을 늘려나가면 됩니다. 더불어 이렇게 모아둔 메모를 가지고 주 1회 정도 완성된 글을 한 편씩 쓰는 연습을 주기적으로 하게 되면, 아이는 든든한 메모 창고를 통해 글을 시작하는 것이 점점 어렵지 않게 됩니다.

두 번째, 글쓰기를 시작하기 전 써야 할 주제나 소재에 대해 충분히 아이와 이야기를 나눠보고, 대강 쓸 내용을 아이가 말로 먼저 해보도록 도와주세요. 초등 아이들은 자신의 생각과 감정을 표현함에 있어서 글보다는 말이 훨씬 더 편한 시기입니다. 우선 말로 자신의 생각을 정리하고 이를 글로 정리하게 되면 자신의 생각이 어떻게 말과 글로 표현될 수 있는지 알게 됩니다. 이 과정에서 부모가 이야기에 살을 더 붙이거나 해당 주제에 맞는 에피소드를 떠올릴 수 있도록 도와주면 좋습니다. 어른들도 일정 시간이 지나면 쉽게 잊어버립니다. 아이들이 쓰는 글의 경우 대부분 가족 단위로 이루어진 일들이 많으니 아이가 기억을 떠올릴 수 있도록 옆에서 도와주면 글쓰기를 더욱 쉽게 해나갈 수 있을 것입니다.

세 번째, 글쓰기를 습관화합니다. 글쓰기의 시작이 어려운 것은 습관이 형성되지 않았기 때문입니다. 운동을 할 때도 근육을 만들어놓으면 며칠 운동을 쉬어도 금방 운동력이 회복됩니다. 글쓰기도 마찬가지입니다. '글 근력'을 쌓아두면 글을 써야 할 순간에 쉽게 시작할 수 있습니다. 이를 위해 글쓰기 루틴을 만들어두길 바랍니다. 아이와 함께 미리 써야 할 글감을 정해 보세요. 요일별 글감을 정해도 좋고, 매일 정해진 시간에 글쓰기를 하면서 루틴을 만들어두어도 좋습니다.

무언가 시작하는 데 어려움이 있는 사람은 '완벽주의적 성향'을 갖고 있는 경우가 많습니다. 완벽주의라면 대개 좋은 것으로 여기지만, 글쓰기에서만큼은 '완벽주의적 성향'이 그리 좋은 영향을 주는 것 같지 않습니다. '자기검열'이라는 무서운 늪에 빠지게 되는 경우도 생기기 때문입니다. 아이가 완벽주의적 성향을 갖고 있는지 살펴보고, 만약 그렇다면 보다 쉽게 말과 글을 통해 자신의 감정과 생각을 표현할 수 있도록 이끌어주어야 합니다. 평소 일상에 관련된 스몰토크도 자주 하고, 자신의 생각을 '의식의 흐름'대로 자유롭게 쓸 수 있도록 안내해주는 것이 좋습니다.

사례 ③ 내향적인 아이가 발표를 잘하도록 도와주고 싶어요!

" 아이가 고학년이 되니 학교에서 발표할 기회가 많아지는데
내향적인 성격이라 발표하는 것을 무척 어려워합니다.
조별 과제에서도 자료 조사나 PPT 작업 등
궂은일을 도맡아 하는데,
앞에 나가서 발표한 아이들만 주목받게
되는 것 같다며 속상해합니다.
내향적인 아이가 발표를 잘할 수 있도록
엄마로서 어떻게 도와주어야 할까요? "

미영이가 많이 속상하겠네요. 자료 조사나 PPT 작업 등 겉으로 드러나지 않는 일을 하는 친구들이, 앞에 나서서 발표하는 친구들보다 주목받지 못하는 것은 안타까운 일입니다. 하지만 아마도 담임 선생님이나 같은 조원 친구들은 미영이의 노력에 대해 잘 알고 있을 겁니다. 요즘에는 발표하는 친구들 외에도 조별 활동의 공헌도에 따라 평가하는 방침도 시행되고 있습니다. 어머님께서 그 부분에 대해 잘 설명해주시면 좋겠습니다. 더불어 미영이가 필요에 의해 자신도 발표를 잘하고 싶다는 마음이 생겼다면 적극적으로 도와주어야 하는 것은 당연합니다. 내향적인 아이라고 해서 인정 욕구가 없는 것은 아닙니다. 또한 이런 과정을 거치면서 내향적인 아이들도 상황에 따라서 외향성을 갖추게 되고요. 내·외향성은 타고나기보다는 성장하면서 변화하는 것이니까요.

일단 말하기를 잘하기 위해서는 자신의 생각과 감정을 타인 앞에서 표현하는 단계별 연습이 필요합니다. 첫 번째 단계는 가족이나 친한 친구들 앞에서 미리 써둔 글을 읽는 것입니다. 발표하기 연습을 위해 처음부터 원고 없이 말하는 것을 시도하게 되면 내향적인 아동의 경우 굉장히 힘들어합니다. 미리 써둔 글쓰기 원고를 차근차근 읽는 것부터 할 수 있도록 유도하는 것이 매우 중요합니다.

두 번째 단계는 미리 써둔 원고 없이 하루에 있었던 일 중에서 가장 인상적인 일에 대해 발표하는 것입니다. 이때 완성된 원고보다는 간단한 메모를 하게 한 후 그것을 보고 발표 연습을 할 수 있도록 합니다. 처음부터 끝까지 완벽한 원고가 아니기에 중간에 끊기거나 머뭇거리는 경우가 발생하더라도 아이를 다그치지 마시고 끝까지 해낼 수 있도록 도와주세요. 단, 이 단계에서는 반드시 영상으로 아이가 발표하는 것을 촬영한 후 이를 부모님과 함께 보면서 잘한 부분과 고쳐야 할 부분을 직접 이야기할 수 있도록 유도해주시면 좋습니다.

세 번째 단계는 한 가지 주제에 대해 완성된 원고를 미리 쓰고, 이를 충분히 연습한 후에 원고를 보지 않고 발표하는 것입니다. 이때 아나운서나 방송기자의 방송 등 참고가 될 만한 영상을 미리 보고, 충분한 연습 시간을 갖도록 하는 것이 중요합니다. 아이가 발표할 준비가 되었는지 미리 꼭 물어보고, 아이가 마음의 준비와 원고숙지가 충분히 되었는지 확인 후에 발표하게 하는 것이 좋습니다. 이렇게 가족이나 친한 친구들 앞에서 단계별로 발표 연습을 한 후 학교나 학원 등에서 발표를 시도할 수 있도록 자신감을 불어넣어 주세요. 멋지게 프레젠테이션하는 영상들도 함께 보면서 자신의 생각을 글로 표현하는 것도 중요하지만, 말로 표현하는 것도 귀중한 경험이자 전달법임을 상기시켜주는 것도 좋습니다. 특히 내향적인 아이들은 목소리가 작은 경우가 많습니다. 평소 책 낭독 연습을 꾸준히 하면서 목소리를 크게 하고, 발음을 정확하게 하는 훈련을 시키는 것도 발표력을 향상시키는 데 크게 도움이 됩니다.

사례 ④ 독서와 글쓰기를 좋아하지 않는 아이, 저 때문일까요?

> 사실 저는 어렸을 때부터 책 읽기를 좋아하지 않았습니다.
>
> 물론 글쓰기도 싫어했고요. 그래서 일까요?
>
> 제 아이도 독서와 글쓰기를
>
> 좋아하지 않는 것 같습니다.
>
> 저 때문인 것 같아서 속상합니다.
>
> 부모가 꼭 책을 읽고

글을 써야 아이의 문해력이 좋아지나요?

- 초 6 제니맘

앞서 언급했듯이 문해력에서 가정문식성은 매우 중요합니다. 하지만 모든 일에 절대적인 것은 없습니다. 부모가 책을 많이 읽고 글을 자주 쓴다고 해서 자녀들 역시 100% 독서와 글쓰기를 잘한다고 장담할 수 없습니다. 아이마다 상황과 환경이 다르니까요. 그럼에도 불구하고 문해력은 '언어중심'으로 이루어지기에 일상생활에서 벌어지는 문식 환경에 밀접하게 연관되어 있는 것 또한 사실입니다. 부모인 내가 글쓰기와 독서를 좋아하지 않아서 내아이 또한 독서와 글쓰기를 좋아하지 않는다고 생각하기보다는, 지금부터라도 아이와 함께 독서와 글쓰기를 일상생활화해 보는 연습을 함께하는 것은 어떨까요? 읽고 쓰고 이해하는 문해력은 이 세상을 살아가는 누구에게나 필요한 능력입니다. 또한 문해력은 가족과 함께하게 되면 서로 나눌 수 있는 대화의 폭도 넓어지고 관계도 훨씬 좋아집니다. 일례로 아이와의 관계로 문제를 겪었던 어느 가정의 경우, 온 가족이 한 달에 한 권 그림책 읽기를 하면서 서로의 감정과 생각을 더욱 잘 알게 되어 관계 회복에 많은 도움을 받았다는 편지를 받은 적도 있습니다. 아이의 학년이 올라갈수록 공부의 양이 늘어나고 그에 따른 스트레스도 커지기 마련입니다. 아이는 아이대로 열심히 하며 부모에게 응원과 공감, 위로를 받고 싶어 합니다. 서로 같은 책을 읽고 자연스럽게 다양한 주제에 대해 이야기를 나누다 보면, 아이가 현재 어떤 것을 고민하고 있는지 쉽게 알게 됩니다. 문해력이 공부로만 일관되어서는 안 되는 이유가 바로 이것입니다. 이제부터라도 아이와 함께 책을 읽고 간단하게 글을 쓰는 습관을 만들어보세요. 엄마와 할 이야기가 늘어날수록 아이의 문해력은 점점 더 좋아질 것입니다.

사례 ⑤ 글을 그저 의무감으로만 쓰는 아이는 어떻게 도와줘야 할까요?

> 올해 6학년이 되는 남자아이의 엄마입니다.
> 우리 아이는 어렸을 때부터 글쓰기를 싫어하는 편은 아니었는데
> 어느 순간 아이의 글이 매번 비슷한 패턴으로
> 이루어진다는 사실을 알게 되었습니다.
> 읽어보면 나쁘지는 않지만, 이전에 썼던 글과의 차별점이
> 거의 없는 반복적인 형태를 보입니다.

아이가 글을 잘 써서 교내 백일장이나

교육청 글쓰기 대회에도 대표로 참여했는데

물어보니 그동안 그냥 '의무감'에서 나간 거였다고 하더라고요.

아이가 이런 생각을 갖고 있을 줄은 몰랐네요.

글을 의무감으로 쓰는 우리 아이! 어떻게 해야 할까요? 〞

- 초 6 해인맘

엄마도 많이 놀라셨겠지만 아이도 그동안 쌓아두었던 감정을 드러낸 것이니, 무엇보다 아이의 글쓰기에 대한 흥미를 되살리고, 창의적이고 다양한 글쓰기를 할 수 있도록 도와주는 방법을 찾아야 할 것 같네요. 몇 가지를 소개하겠습니다.

첫 번째, 이런 경우 글쓰기의 목적과 의미를 탐색하는 시간을 갖는 것이 좋습니다. 이를 위해 '목적 있는 글쓰기'를 시도해보세요. 요즘 아이들은 학교나 학원에서 글을 써야 할 일이 꽤 많습니다. 그래서 글쓰기에 익숙한 아이들도 많지요. 하지만 익숙하고 반복되다 보니, 스스로 글을 왜 써야 하는지, 글쓰기가 주는 목적과 의미에 대해서는 고려하지 않은 채 요구받는 '글'만 '영혼 없이' 쓰는 아이들도 많습니다.

아이와 함께 왜 글을 써야 하는지, 글쓰기가 어떤 의미를 가지는지 생각해 볼 수 있는 시간을 가져보세요. 단순한 의무감을 넘어서 글쓰기를 통해 자신의 생각과 감정을 표현했을 때의 즐거움, 타인과 글로 소통했을 때 느끼는 만족감 등이 아이의 글쓰기라는 행위에 내재되어 있었다는 것을 깨닫게 해주는 것입니다.

다양한 독자를 설정해서 글을 써보게 해주세요. 특히 이때 편지쓰기가 아주 유용합니다. 예를 들어, 여행기를 쓰더라도 친구에게 추천하는 여행지에 대해 편지 형식으로 쓰게 해도 좋고, 할머니에게 자신이 좋아하는 책이나 그림, 음악을 소개하는 글을 써보도록 해도 좋습니다. 이렇게 독자를 다양하게 설정하면 같은 '글감'이지만 내용이 다양하게 펼쳐질 수 있음을 느끼면서 글쓰기의 '맛'을 새롭게 찾아가게 될 것입니다.

두 번째, 글쓰기의 주제를 다양화해주세요. 매번 주어지는 비슷한 주제나 형식에서 벗어나 새로운 주제를 제공해 보세요. 매 학기나 학년에 의무적으로 주어지는 주제 외에도 아이의 흥미를 끌어낼 수 있는 글감을 일상에서 찾아주는 겁니다. 예를 들어 57쪽에 언급한 계절별 글감표를 참조하셔서 아이들에게 새로운 소재나 주제를 탐구하게 하면 글쓰기의 또 다른 매력에 빠질 수 있게 됩니다. 이때 일주일에 하루는 아이가 관심 있는 주제를 스스로 찾아볼 수 있도록 하는 것도 또 하나의 방법입니다.

세 번째, 창의적 글쓰기를 할 수 있도록 해주세요. 매번 책을 읽고 독후감이나 서평, 주제 글쓰기를 하기보다는, 그림을 보고 이야기를 만들어보거나, 좋아하는 영화나 책의 결말을 바꿔보는 등 창의적인 글을 쓰게 해주세요. 이때 도움이 될 만한 글감은 54쪽에 잘 정리해두었으니 이를 참고하시면 좋겠습니다.

네 번째, 글쓰기 환경을 조성해주세요. 이 방법은 저희 '모두의 문해력 연구소'에서 아이와 엄마가 함께한 '하루 10분 초등 문해력 챌린지'에서 진행한 내용인데요. 아이들에게 글을 쓸 때 사용할 '필명筆名'를 짓게 하고, 아이에게 책상을 마련해준 후 하루 10분간 글을 쓰게 하는 것입니다. 실제 챌린지에 참여한 아동 모두가 한 명도 빠짐없이 챌린지 기간 내내 매일 글쓰기에 집중하며 참여했습니다. 글쓰기의 환경 조성은 무엇보다 중요합니다. 거창하고 비싼 책상이 아니어도 됩니다. 식탁도 좋고, 간이 책상도 괜찮습니다. 아이가 마치 '작가'가 된 기분이 느끼며 글을 쓸 수 있도록 환경을 조성해주는 것도 아이의 글쓰기를 응원하는 방법 중 하나입니다. 꼭 한번 해보세요. 이때 강요나 압박보다는 아이 스스로 하루 10분 정도 글을 쓰고 싶은 '나만의 절대 글쓰기 시간'을 찾아서 (아이와 충분히 협의하신 후에) 알람을 맞춘 후 스스로 실천할 수 있도록 도와주시면 됩니다.

마지막으로 아이가 쓴 글에 대해 단점을 지적하기보다는 긍정적인 피드백을 해주세요. 잘한 점을 먼저 칭찬해주고, 개선할 부분에 대해서는 함께 이야기를 나누면서 더 좋은 내용이나 참고할 만한 사항은 없는지 찾아나가면 좋겠습니다.

잘 쓰던 아이가 매너리즘에 빠지거나 글쓰기를 싫어하게 되면 부모의 마음은 조급해집니다. 하지만 초등 6년은 아이의 평생 글쓰기에 있어 짧은 기간입니다. 한번 글쓰기에 좋은 경험을 했던 아이들은 잠시 글쓰기와 멀어졌더라도 빠르게 다시 돌아올 수 있습니다. 그러니 아이의 글쓰기가 더 이상 의무감이 아닌, 자신의 생각과 감정을 자유롭게 표현할 수 있는 즐거운 활동이 되도록 적극적으로 도와주세요.

"인앤아웃 문해력을 실천하고부터 학교 성적이 좋아졌어요!"

이런 말을 자주 듣는다. 인앤아웃 문해력은 말 그대로 잘 읽고
(IN) 잘 표현(OUT)하는 것을 지향한다. 잘 읽어야 잘 표현하는 것
은 당연한데, 잘 읽는 것에 대해서는 강조되지 않고 무조건 잘 표
현하라고만 하니 문제가 발생하는 것이다. 옛말에 '빈 수레가 요
란하다'고 했다. 안에 든 것이 없으면 요란하기만 할 뿐 정작 실
속은 없다는 말이다. 아이들도 마찬가지다. 다양한 경험과 독서가
이루어져야 문해력이 발달한다. 무조건 읽기만 해서도 안 되고,
무조건 쓰기만 해서도 안 되는 것이다.

인앤아웃 문해력은 무엇보다 읽기, 쓰기, 듣기, 말하기 네 영역의 고른 발달을 지향한다. 그런데 가만히 보면 이것은 공부의 과정과도 일맥상통한다. 그래서일까? 인앤아웃 문해력을 실천한 아이들의 성적이 고공 상승하는 현상을 자주 목격하게 된다.

공부의 중요성이 그 어느 때보다 강조되는 시기다. 학구열이 어마어마하다는 한 동네에서는 유치원 때부터 학습 로드맵을 짜서 아이의 공부를 관리하고 있다는 뉴스가 보도되기도 했다. 하지만 아이의 성향, 학년군별 특징과 성취 기준을 무시한 채 무조건적인 학습 스킬만 강조한다면 아이는 이내 지쳐서 평생 '공부'에 흥미를 느끼지 못하게 될 수도 있다.

'음미吟味한다'라는 말을 좋아한다. 이 말은 어떤 사물 또는 개념의 속 내용을 새겨서 느끼거나 생각하는 것을 말한다. 무엇이든 음미하기 위해서는 시간과 공간을 내어주어야 한다. 책을 읽는다는 행위, 즉 글을 읽는다는 것은 단순히 글자를 읽는 일만을 의미하지 않는다. 글자와 글자 사이, 단어와 단어 사이, 문장과 문장 사이를 오가며 작가가 말하고자 하는 것을 숙고하는 과정을 포함한다. 겉핥기식 독서가 아니라면 당연히 시간이 걸린다. 느리고 지루할 수밖에 없다. 때로는 속이 터지기도 한다. 하지만 이 과정에서 우리는 기다림을 배우고, 생각하는 방법을 익힌다. 내가 누구인지 자신에 몰입하는 시간을 갖게 된다. 그리고 이것을 글로 쓰고 말로 표현하면서 타인과 나누고 소통한다. 독서를 통해 더 많은 공부를 해나갈 힘을 키우는 것이다.

이렇듯 읽는다는 것은 우리 삶의 다양한 영역에 있어 지대한 영향력을 가진다. 글자를 읽고 이해하며 이를 다시 자신만의 언어와 방식으로 표현하는 이 모든 능력을 '문해력'이라고 한다. 말하자면 문해력은 나에 대한 이해이고, 타인을 향한 경청이며, 자기를 살피고 돌보는 힘이다. 그러니 인간에게 글을 읽는 일은 여전히 매우 유효하고 중요한 행위라고 할 수 있다. 문해력은 인생을 살아가는 데 있어 반드시 필요한, 탁월한 재능임이 분명하다.

모든 공부의 출발점
초등 문해력 수업

1판 1쇄 발행 2024년 9월 2일

지은이 이윤영
발행인 오영진 김진갑
발행처 (주)심야책방

책임편집 유인경
기획편집 박수진 박민희 박은화
디자인팀 안윤민 김현주 강재준
마케팅 박시현 박준서 김예은 김수연 김승겸
경영지원 이혜선

출판등록 2006년 1월 11일 제313-2006-15호
주소 서울시 마포구 월드컵북로5가길 12 서교빌딩 2층
독자 문의 midnightbookstore@naver.com
전화 02-332-3310 **팩스** 02-332-7741
블로그 blog.naver.com/midnightbookstore
페이스북 www.facebook.com/tornadobook

ISBN 979-11-5873-316-2 (03590)